首都经济贸易大学会计学科·青年学者文库

首都经济贸易大学青年学术创新团队项目（QNTD202202）

环境风险认知、董事会结构
与企业人才吸引

齐云飞 ○ 著

中国财经出版传媒集团

中国财政经济出版社

北京

图书在版编目（CIP）数据

环境风险认知、董事会结构与企业人才吸引／齐云飞著． -- 北京：中国财政经济出版社，2024.5

（首都经济贸易大学会计学科·青年学者文库）

ISBN 978 - 7 - 5223 - 3068 - 6

Ⅰ.①环… Ⅱ.①齐… Ⅲ.①企业环境管理 - 研究 - 中国 Ⅳ.①X322.2

中国国家版本馆 CIP 数据核字（2024）第 076802 号

责任编辑：高文欣　康婧琳　　　　责任校对：张　凡

封面设计：智点创意　　　　　　　责任印制：史大鹏

环境风险认知、董事会结构与企业人才吸引

HUANJING FENGXIAN RENZHI DONGSHIHUI JIEGOU YU QIYE RENCAI XIYIN

中国财政经济出版社 出版

URL：http：//www.cfeph.cn

E - mail：cfeph@ cfeph.cn

社址：北京市海淀区阜成路甲 28 号　邮政编码：100142

营销中心电话：010 - 88191522

天猫网店：中国财政经济出版社旗舰店

网址：https：//zgczjjcbs.tmall.com

中煤（北京）印务有限公司印刷　各地新华书店经销

成品尺寸：147mm×210mm　32 开　6.75 印张　170 000 字

2024 年 5 月第 1 版　2024 年 5 月北京第 1 次印刷

定价：32.00 元

ISBN 978 - 7 - 5223 - 3068 - 6

（图书出现印装问题，本社负责调换，电话：010 - 88190548）

本社质量投诉电话：010 - 88190744

打击盗版 举报热线：010 - 88191661　QQ：2242791300

本书是在笔者博士论文的基础上修改完成的。改革开放以来，尽管单纯考虑经济发展的官员晋升和考核机制有效地推动了地方政府区域竞赛，实现了快速提升工业化及国民收入水平的目标，但却忽略了环境保护与社会可持续发展等重要问题，导致中国经济不自觉地走上了粗放式增长这一道路。粗放式的经济增长模式以高能耗、高污染为特点，这带来了严峻的环境问题。著名的"环境库兹涅茨曲线"理论指出，随着国民收入水平的逐步提升，人们将对环境质量提出更高要求。本书以空气污染为例，利用百度搜索与微博数据研究发现，自 2011 年末开始，公众对空气污染物 PM2.5 的关注度显著提升，这集中反映了公众对环境污染风险的认知。公众环境风险认知提升具有重大社会意义，不仅会改变区域人才流动规模与方向，还会影响微观企业的人才结构以及人才吸引行为。

　　考虑到本专业的研究对象特征，本书将重点探讨公众环境风险认知如何影响微观企业的人才结构以及人才吸引行为。就环境风险认知对企业人才结构的影响而言，公司治理是本专业的重要研究方向，且董事会结构是公司治理的根本特征，本书将从董事会结构的视角，探讨环境风险认知如何影响企业的人才结构。此外，就环境风险认知对企业人才吸引行为的影响而言，本书将分别从高管薪酬结构、盈余管理以及企业避税行为这三个方面展开探讨。

本书结合社会心理学以及企业财务理论，使用中国沪深A股上市公司为研究样本，以公众对PM2.5污染事件的风险认知为研究背景，利用准自然实验的研究方法，选择公众环境风险认知前后各五年，即2007—2016年为研究区间，通过双重差分模型实证检验了公众对PM2.5环境风险的认知如何影响企业董事会人员构成以及人才吸引行为，得出以下主要结论：

第一，公众对环境污染风险的认知，显著地降低了高污染地区独立董事的供给。相对于低污染地区，高污染地区的企业董事会中独立董事数量以及比例呈现显著下降趋势，且离开企业的独立董事主要来自空气质量较好的地区；在调节变量方面，当企业支付给独立董事的薪酬较低、盈利能力较差、产权为民营企业时、独立董事年龄较大以及独立董事为女性时，环境风险认知对区域独立董事供给的影响更为显著。此外，针对独立董事个体行为的进一步研究发现，受到影响的独立董事会逃离高污染地区而转移到空气质量较好的城市，表现为高污染地区企业独立董事供给的降低，以及空气较优地区企业独立董事规模和比例的增加。最后，针对公司治理与企业市场价值的研究发现，公众环境风险认知使得独立董事减少了在高污染地区的参会比例，也对企业市场价值造成了负面影响。

第二，公众对环境污染风险的认知，显著地提升了高污染地区的高管薪酬。面临环境风险认知的冲击，位于空气污染较为严重地区的企业会增加高管薪酬水平，以此来增加自身吸引管理人才的能力，弥补环境污染对区域人才吸引力的负面作用。同时，企业产权属性对增强环境风险认知与高管薪酬之间的关系起到了调节作用，民营企业的产权属性以及较为激烈的人才市场竞争，强化了环境风险认知冲击对高管薪酬的提升作用。此外，环境风险认知会增加高污染地区中企业的高管薪酬业绩敏感性，但相关统计数据的显著性较低。

第三，公众对环境污染风险的认知，显著提升了高污染地区企业的正向盈余管理程度。在公众环境风险认知的冲击下，相对于低污染地区，高污染地区的企业为了吸引人才，会增加正向盈余管理的幅度，达到粉饰财务报表的目的。企业特征与市场竞争起到了重要的调节作用。当企业支付给职工的薪酬较低、企业为民营企业，以及企业所处人才市场的竞争更加激烈时，公众环境风险认知对企业盈余管理行为的影响更为显著。

第四，公众对环境污染风险的认知，显著提升了高污染地区企业的税收规避程度。面临环境风险认知的冲击，位于空气污染较为严重地区的企业会提升税收规避程度，这可以节约资金，美化财务报表并增加人力资本投资，进而提升人才吸引能力。同时，企业特征与市场竞争起到了重要的调节作用。当企业支付给职工的薪酬较低、企业为民营企业，以及企业所处人才市场的竞争更加激烈时，公众环境风险认知对企业税收规避程度的影响更为显著。

综上，在中国产业结构转型升级的时代背景下，本书研究提供了探索环境污染、区域人才吸引力与企业行为之间关系的新思路，具有重要的启示意义：一方面，随着经济的发展，人们追求更好生存环境的愿望与现实自然环境污染之间的矛盾越来越严峻，这要求政府更加重视环境保护，增加环境治理投资，并出台更友好的人才吸引政策，以此缓解环境污染对区域人才吸引力的负面影响；另一方面，人才是企业发展的关键和核心资源，企业应当做好人才储备工作，合理利用自身资源增加人力资本投资，并使用更为灵活且具有市场竞争力的薪酬安排来提升人才吸引力。

齐云飞

2024 年于首都经济贸易大学会计学院

绪 论

1.1 研究背景与研究意义

1.1.1 研究背景

改革开放以来，中国经济经历了近四十年的高速增长，但这一增长无法从金融与法律制度中得到有力支撑（Allenet 等，2005）。为解释中国"经济增长之谜"，许多学者转而探讨中国分权化的政治结构及地区间的政绩竞争对经济增长的贡献（张五常，2009；Sheng，2010）。中央政府掌控着地方政府官员的任命权，并在相当长的时间内，单纯以经济指标——特别是地方 GDP 增长率，作为地方政府官员选拔和晋升的标准（Li and Zhou，2005）。从某种程度上讲，各级政府的运作方式与现代企业组织相似，中央政府如同企业的领导层（Oi，1992；Walder，1995）。单纯考虑经济发展的官员晋升和考核机制，尽管有效地推动了地方政府区域竞赛，快速提升了工业化及国民收入水平，但忽略了环境保护与社会可持续发展等重要问题（蔡昉等，2008），并使中国经济不自觉地走上了粗放式增长道路。粗放式经济增长以高能耗、高污染为特点，这带来了严峻的环境问题①。

---

① 《中国绿色国民经济核算研究报告》表明，2004 年中国因环境污染而承受的经济损失为 5118 亿元，超过当年 GDP 的 3%；联合国开发计划署公布的《人类发展报告》指出，2012 年中国自然消耗占 GNI 比例高达 6.1%；2015 年 12 月，气象局两度发布雾霾红色预警：北京大部、天津中西部、河北中南部等地将有持续重污染天气。这些均说明环保问题是中国的重大现实问题。

"环境库兹涅茨曲线"的推论之一是，随着国民收入水平的提升，人们将更加重视现在与未来的生活环境，并对环境质量提出更高要求（Chavas，2004）。面临严峻的环境问题，人民日益增长的美好生活需求与不平衡不充分发展之间的矛盾逐渐凸显。在2011年末，中国民众开始认知到，在日常呼吸的空气中存在较高浓度的直径小于2.5微米的颗粒物，并将其称为PM2.5。PM2.5能较长时间悬浮于空气中，是造成雾霾天气的首要成因，同时，由于其表面积大、活性强，易于携带有毒害物质（如重金属、微生物等），可引发心血管、呼吸道疾病，甚至癌症。尽管较高浓度的PM2.5（雾霾现象）在2011年之前的很长时间里就已存在，但公众并没有认识到这一问题的严重性。本书使用PM2.5这一关键词，利用百度搜索引擎查找中文网页以及百度指数（其功能类似于谷歌趋势）后发现，在2011年底之前，PM2.5并未受到大众关注，而在2011年底之后，PM2.5的搜索频率急剧提升，具体见图1-1。这表明，中国民众从2011年底开始认知到，在其日常呼吸的空气中存在对身体有毒害的细颗粒物质（PM2.5）。

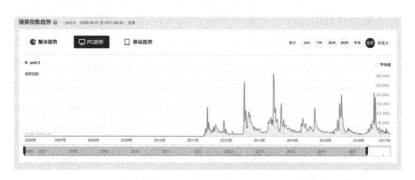

图1-1 2006—2017年"PM2.5"关键词搜索趋势

资料来源：百度指数。

随着经济的发展，公众对环境质量的要求也逐步提高，这是产生公众环境风险认知的根本原因。然而，从图1-1可知公众对

PM2.5 的认知是突然发生的，这就涉及公众舆论的"引爆点"，本书认为中央文件《国务院关于加强环境保护重点工作意见》（国发〔2011〕35 号）的发布起到了主要的舆论推动作用。一方面，这是政府首次在官方文件中对公众提及 PM2.5（通过查找历史文件，我们并未发现 PM2.5 在 2011 年底之前被官方提及），该意见提出，要将如 PM2.5 在内的新型污染物加入空气质量监控体系，以形成更严格的空气质量指数；另一方面，意见发布于 2011 年 10 月 20 日，这与本书观察到的 PM2.5 百度指数骤然提高的时间点相吻合。结合（自）媒体的信息传播特征（2011 年 10 月 1 日，涉及"PM2.5"的微博仅有 29 条；10 月 20 日，此类微博有 231 条；11 月 1 日，此类微博已接近 4 万条），有理由推断，官方文件的发布是推动公众于 2011 年底开始认知 PM2.5 及其危害的首要原因。

此外，通过观察 2011 年前后的空气指数数据，本书并没有发现 PM2.5 在此期间有异常的增加，这也排除了公众环境风险认知的突然提升源于空气质量急剧恶化的猜想。尽管中国政府并没有在 2011 年前监测 PM2.5 数据，但依然可以从美国驻华大使馆获得相关数据。北京是典型的北方城市，经常遭受雾霾的袭扰，因此，本书以美国驻北京大使馆在当地的检测数据为基础，展示了 2011 年前后 PM2.5 的月度变化，具体如图 1－2 所示。通过观察，可以发现，2011 年末的 PM2.5 月度变动模式与之前年度的变动模式基本一致，即没有出现显著的异常变动。综上，本书认为公众环境风险认知的突然提升与 2011 年底空气质量变动关联性不高，这进一步增加了官方文件的发布是该现象首要原因的可能性。

有关区域人口流动的迁移理论认为，自然环境与经济环境、社会文化环境等要素一起构成了决定区域人才吸引的推力和拉力（Lee，1966）。现实生活中，我们也常常看到"全国宜居城市排行榜""中国最具幸福感城市排行榜"等政府的"地域营销"（Place Marketing）方式。在其他经济、文化条件相近的情况下，公众更

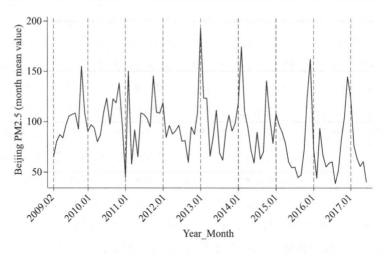

图 1 – 2　2009—2017 年北京地区 PM2.5 污染物月度指数

数据来源：美国驻北京大使馆网站。

倾向于选择自然环境良好的地区工作，而公众对空气污染危害（PM2.5）的认知将会提升对工作区位选择的重视，并改变区域劳动力市场的人才供给。人才引进（储备）是决定区域竞争力的关键举措，同时改革开放的实践验证了"人才为本"战略思想的正确性，并在党的十九大报告中被重点强调。探索区域自然环境以及居民环境风险认知对区域人才吸引力的影响，对当前国家人才引进（储备）战略具有重要的参考价值。

劳动力、资本、技术等生产要素维系着国民经济的正常运行，而企业作为市场的基本组成单元，无疑会受到劳动力市场变化带来的深刻影响，并反馈在企业人才结构以及人才引进行为等关于企业经营与财务决策的方方面面。本书旨在分析公众对空气污染（PM2.5）认知对区域人才吸引力所产生的外生冲击，并通过构建准自然实验，具体研究公众环境风险认知对微观企业董事会人员结构以及人才吸引行为的影响。公众环境风险认知的研究背景，为探索劳动力市场与企业行为之间的关系提供了良好的切入点，该研究可以增加对宏观社会问题的微观机理认知，以便提出具有可操作性的应对方案。

1.1.2 研究意义

自改革开放以来，中国在人口多、底子薄，以及人均资源不足的现状基础上取得了高速经济发展，成为了世界第二大经济体，这被誉为"中国奇迹"。地方政府对过去的发展起到了举足轻重的作用。然而，单纯以 GDP 增长为目标的官员绩效机制，导致中国经济走上了高能耗、高污染的粗放式发展之路，并造成环境污染以及社会发展不可持续的重大问题。随着居民收入的增长，人们越来越重视环境污染问题对其生活质量可能产生的影响，这便形成了人民日益增长的美好生活需求和不平衡不充分发展之间的矛盾。为了缓解环境保护与经济发展之间的矛盾，中国需要走新型工业化道路，进行产业结构升级，即建立资源节约型与环境友好型的经济体系。升级产业结构需要多种要素参与，其中人力资本因素至关重要。影响人力资本流动的因素较多，其中，良好的教育机会、较高的薪酬、便捷的公共交通以及高质量的医疗资源等都是积极的正面因素，而环境污染无疑是消极的负面因素。在环境污染中，雾霾是人们较为关心的话题，其有害物质严重影响了居民（特别是婴幼儿）的身体健康以及日常活动。依据"环境库兹涅茨曲线"理论，居民对环境污染的敏感程度是不同的，相对于低收入者，高收入者更为敏感。高收入阶层一般具有良好的教育背景、某些方面的专业技能、较多的资本积累或者丰富的社会关系资源，是区域经济发展的重要人才资源。同时，高收入者有更多的选择权，在环境发生污染时，通常有能力迁移到其他地区生活。很难想象，在人才不断外流的区域能够持续发展经济，尤其是在经济结构转型升级的关键时刻。经济结构转型升级迟缓的地区会陷入持续的环境恶化之中，而环境污染反过来会加剧人口流出，这就形成了难以逆转的恶性循环。在这样的现实背景下，探讨公众对环境污染风险的认知如何影响区域人力资本流动，进而影响社会的经济基础——企业的运行，以及企业应如何应对人力资本市场的变动，具有重要的理论意义与社会现实意义。具体而言，本书研究的贡献体现在以下几个方面：

第一，本书从自然环境的视角入手，丰富了区域人力资本流动影响因素的研究。人力资本是社会经济发展的重要组成要素，而人才吸引、人才储备离不开一个区域的吸引力。区域吸引力与当地文化、经济、自然环境等息息相关，当前相关研究多集中于区域文化和区域经济如何影响劳动力市场，而较少关注区域自然环境的作用。本书的研究承接以往研究，将自然环境因素纳入研究范畴，从空气污染的视角进一步探索了区域人才吸引力的影响因素，有助于为当前国家及地方的人才引进（储备）战略提供政策性建议。

第二，公众环境污染风险的认知与公共舆论、新媒体信息传播相伴而生，本书研究丰富了公共认知与舆论的经济后果研究。随着国民经济的发展，民众对生活环境质量的追求逐渐提升，并逐渐产生了环境污染与民众客观需求之间的现实矛盾。这一社会矛盾的缓解，需要我们更深刻地分析公众对环境污染风险的认知与反馈。公众认知及反馈涉及信息传播，行为分析及公共事务管理等众多领域，是亟须探讨的复杂社会问题。本书从劳动力市场的角度来分析公众认知与舆论的经济后果，可为政府的公共事务处理提供参考建议。

第三，企业是社会经济的基本单元，探索人才市场变动对企业经营的影响，以及企业如何吸引人才来保证自身的发展，具有重要价值。自然环境因素带来的劳动力市场变动是宏观的，而针对企业组织结构及其行为的微观分析，则有利于更为具体地理解宏观社会问题。本书以微观企业为研究对象，探索了劳动力市场对企业董事会组织结构以及企业人才吸引行为的影响，这可以增加我们对宏观社会问题的微观认知，以便提出更具可操作性的政策建议。

第四，本书利用公众环境风险认知这一特殊事件，为研究区域环境质量对企业经营的影响提供了良好的研究背景。基于准自然实验的基本思路，本书构建的双重差分模型可以有效地识别因素之间的因果关系，得到更为有效且稳健的实证结论。

第五，本书将社会心理学、信息传播学以及企业财务理论相结合，宏观与微观相统一，为公司治理与财务研究提供了新思路、新视角，也促进了学科间的交流、融合与创新。

1.2　研究目标与研究内容

1.2.1　研究目标

本书以中国城市的环境风险与人才吸引力之间的关系为研究视角，选取 2007—2016 年为样本区间，系统考察了环境风险认知如何影响不同地区企业的人才结构，以及企业应采用怎样的财务行为来吸引人才。

首先，本书需要寻找影响区域人才吸引力的重要事件。一般而言，人才要素区域间流动受多种因素的影响，主要归结为第一自然因素（first nature factors）、第二自然因素（second nature factors）和制度因素（institutional factors）。第一自然因素主要是指自然地貌、气候与文化等。第二自然因素主要指区域经济发展水平、工资收入、市场潜力，海外市场竞争，以及劳动力池等经济因素。制度方面的因素主要指宗教民族政策、教育政策、就业保护政策、户籍政策以及人才引进政策等。相对于第二自然因素与制度因素，探讨第一自然因素如何影响区域人才吸引力的文献还较为匮乏。而自然因素与居民的日常生活息息相关，非常重要。本书选取自然环境因素作为切入点，来探讨公共环境事件对区域人才吸引力的影响。具体来说，在公众对 PM2.5 空气污染有认知之前，PM2.5 空气污染长时间存在却没有受到公众的重视，而在公众认知到 PM2.5 的存在及其危害后，以 PM2.5 为代表的空气污染物产生了较大的社会影响，成为了人们在选择工作地、居住地时重要的考量因素。

同时，本书主要分析区域人才吸引力对微观企业的人才结构及财务决策的影响特征、机制和经济后果。人力资本是企业发展的重要资源，而区域人力资本市场则决定了企业所能获取的资源基础，本研究将城市人才吸引力纳入了企业组织结构与财务决策的分析之中，揭开了区域人才吸引力特征差异的"黑箱"，寻求宏观劳动力市场因素影响区域经济的微观作用机理，为区域人才吸引与经济发展之间的逻辑提供了重要的研究视角。此外，从企业应对区域人力资本市场变化的角度，研究了企业如何适应宏观因素变动，提升企业自身人才吸引力以弱化宏观因素的不利影响，这为产业结构转型升级时期的中国企业如何实现资源优化配置、提升效率以及人才储备等提供了理论依据和技术支持，有助于中国经济的可持续发展。

最后，通过区域人才吸引力这个视角，本书对环境污染的经济后果进行了分析，特别是针对企业董事会结构以及财务行为的探讨，从微观层面揭示了环境污染对实体经济影响的具体路径。中国高速的经济发展造成了严重的环境污染问题，随着资源的消耗与公民环保意识的提升，原本粗放式的经济发展方式无法持续，而环境友好型的经济发展模式尚未成熟，在探索创新的关键时期，探讨环境污染对经济发展影响的深层逻辑可为相关政策的制定与实施提供有效的参考。

1.2.2　研究内容

根据研究目标，本书主要系统地研究以下问题：

1. 公众对环境风险的认知如何影响企业董事会人员结构及其治理行为。公司治理是本专业的重要研究方向，而董事会结构是公司治理的核心基础。虽然，董事会结构的内涵较为丰富，如独立董事比例、董事性别、年龄、教育背景、文化背景以及社会关系均是董事会结构的研究内容，本书聚焦考察了董事会中独立董事数量、比例、地域来源，以及独立董事参与公司治理行为的变化。之所以聚焦于独立董事，是考虑到，相对于其他董事会构成特征，独立董事在区域之间的流动性较强，对区域环境风险危害更加敏感，本书可以借助独立董事的高流动性，通过构建独立董事个人特征（如性别、年龄、日常居住地、公司治理参与程度等）的数据库，从企业人才结构变动的角度，来分析环境风险认知对企业董事会结构的影响。

2. 公众对环境风险认知如何影响企业的人才吸引行为。在人才吸引方面，考虑到物质化的薪酬安排与非物质化的工作环境往往具有替代效应，本书首先考察了企业如何利用薪酬安排来应对环境风险认知对企业人才吸引的影响。此外，经营业绩是企业社会形象的重要的组成，而良好的社会形象有利于企业招揽人才，因此本书继续考察了企业如何透过管理自身经营业绩来应对环境风险认知对企业人才吸引的影响。盈余管理与企业税收规划是企业美化财务报告的重要手段，故此，本书考察了环境风险认知对企业盈余管理与企业税收规划的影响。综上，在探讨公众对环境风险认知如何影响企业的人才吸引行为时，本书重点探讨了作为企业人才吸引工具的企业薪酬安排、盈余管理行为以及税收规避行为，在受到公众环境风险认知的冲击后会如何变化。

3. 公司特征、高管特征以及市场竞争的差异会导致企业对空气污染以及人力资本市场变动的不同的敏感程度，因而在不同类型的企业、高管或经营环境情况中，公众风险认知对企业董事会结构、薪酬安排、财务报告行为以及避税行为的影响程度会产生差异。本书进一步考察了公司特征、高管特征以及市场竞争对公众风险认知效应的调节作用。在论文结构设计上，本书将调节作用与各专题的基本研究相融合，体现在各专题的理论分析以及实证检验的截面分析中，不再独立成章，以在增加研究丰富度的同时避免冗余。

本书具体研究内容安排如下：

第1章绪论。本章首先介绍了本书选题的现实背景，以及本研究的理论与现实意义。然后介绍了研究的主要目标以及具体研究内容，同时，就本书研究的思路与研究方法进行了阐述。最后，对本书的研究特色与创新之处进行了说明。

第2章文献综述。本章介绍了与研究相关的基本理论，具体包括环境与人口迁移理论、薪酬理论与信息理论。这些理论构成了后文理论分析与实证研究的基石。随后，本章对国内外文献进行综述，具体包括影响人力资本市场供需结构因素的文献，以及人力资本市场结构变动在企业层面造成的经济后果的文献。同时，通过对文献进行评述，指出现有研究的贡献与不足，并表明本书研究在现有文献体系中的位置及其潜在贡献。

第3章公众环境风险认知、地域偏好与董事会结构。本章以公众环境风险认知与独立董事的地域偏好之间的关系为分析要点，探讨了公众环境风险认知如何影响独立董事在选择工作地时的地域偏好，进而如何影响企业董事会的独立董事人数、比例以及董事区域来源。同时，在截面分析中，本章探讨了企业特征以及董事特征，如独立董事薪酬水平、企业盈利能力、产权属性、独立董事年龄与性别等特征，对公众环境风险认知与企业独立董事结构之间关系的调节作用。此外，考虑到独立董事是企业治理的重要组成，董事会中独立董事特征的变化往往影响董事参与公司治理的行为以及企业价值。因此，在拓展研究中，本章节从独立董事参与公司治理以及企业价值的视角，探讨了公众环境风险认知对董事会结构影响的经济后果。

第4章公众环境风险认知、人才吸引与高管薪酬安排。该章节以企业薪酬安排为研究对象，探讨了在公众环境风险认知的背景下，面对高污染区域的人才吸引力下降，企业如何借助薪酬安排来吸引人才。具体而言，首先，本章节研究了企业高管薪酬水平如何受到公众环境风险认知的影响。同时，本章节研究了在企业产权属性以及人才市场竞争程度不同的情况下，这种影响是否会发生变化。最后，考虑到高管薪酬业绩敏感性是薪酬安排的重要组成，本章进一步研究了公众环境风险认知与高管薪酬业绩敏感性之间的关系。

第 5 章公众环境风险认知、人才吸引与企业盈余管理。本章节以企业财务报表的信息披露为研究对象，探讨了在公众环境风险认知的背景下，企业如何通过粉饰财务报表来吸引人才。经营业绩是企业社会形象的重要的组成，而良好的社会形象有利于企业招揽人才。财务报表是企业向外界释放主要经营业绩信息的渠道，展示了企业的盈利能力与发展前景，而良好的财务信息可以帮助企业内部"稳定军心"，同时有利于吸引外部人才。现有文献也表明，企业通过粉饰财务报告，即正向的盈余管理行为，可以掩饰不良的财务信息，在人力资本市场上取得吸引人才的优势。考虑到盈余管理是企业人才吸引的手段之一，本章节检验了公众环境风险认知对企业盈余管理行为的影响。同时，考虑到不同企业对人才的需求以及盈余操作空间的差异，本章探讨了多种因素的调节作用。

第 6 章公众环境风险认知、人才吸引与企业税收规避。本章节以企业税收规避为研究对象，探讨了在公众环境风险认知导致的高污染区域人才吸引力下降的背景下，企业如何通过税收规避吸引人才。税收规避之所以与企业人才吸引行为相关联，是由于企业通过税收筹划可以节约可观的资金，从而提升了财务报告盈余，向外界传递了积极信号，也可为企业增加人力资本投资提供资金支持。因此，本章检验了公众环境风险认知对企业避税行为的影响。同时，考虑到不同特征的企业以及处于不同人才竞争环境中的企业对人才的需求与人才流动的敏感程度不同，本章探讨了多种因素的调节作用。

第 7 章研究结论、启示与未来展望。本章节总结了各章节的研究结论，并结合中国产业结构转型升级以及环境保护的现实情况，提出适用于企业与政府公共事务决策的启示。最后，指出了本书研究的不足，以及未来可能的研究方向。

1.3　研究思路与研究方法

1.3.1　研究思路

本书研究遵循了问题导向型的经典研究范式，按照如下步骤开展研究：

①现象观察与问题提出→②文献回顾与评述→③构建理论框架→④逻辑分析并提出研究假设→⑤研究设计→⑥数据收集与变量整理→⑦建立实证模型→⑧实证结果分析→⑨归纳研究结论，并得到研究启示。具体研究思路如图 1 – 3 所示。

1.3.2　研究方法

本书研究采用了范式分析、定量分析以及比较分析方法，系统地研究了公众对环境风险的认知如何影响企业董事会结构以及企业的人才吸引行为。

1. 范式分析。本书对国内外相关文献进行了梳理，对其中理论观点进行了归纳、总结，并努力建立一个较为完善的公众环境风险认知受企业层面经济后果影响的分析框架。在具体章节中，本书将社会心理学、信息传播学、经济学以及企业财务理论相结合，深入分析了公众环境风险认知对地区人力资本市场的影响，以及这种影响如何作用于企业董事会结构以及人才吸引行为的理论机制。

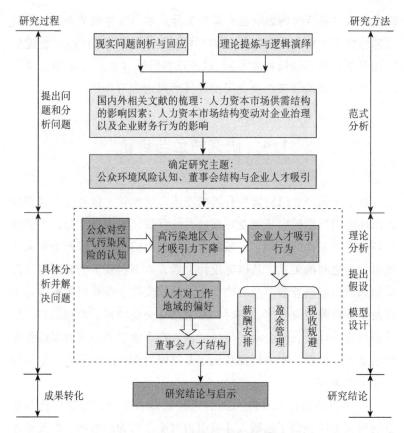

图 1 - 3　本书的章节结构和技术路线图

2. 实证研究。基于现代计量经济学的研究方法，对各个章节所探讨的研究假设进行实证分析，以检验假设的合理性。其中涉及：第一，研究假设的提出；第二，实证模型的设计；第三，样本区间的确定，数据的收集以及变量生成；第四，进行统计与实证检验，对结果的分析，并得到结论。

3. 比较分析。在不同企业特征或者管理层特征的情况中，企业对环境污染以及人力资本市场变动的敏感度并不相同，因此，公众环境风险认知对企业董事会结构、企业薪酬安排、财务粉饰行为以及税收规避行为的影响也会发生差异。本书在各章节的进一步研究部分分别考察了企业特征（如产权属性、盈利能力等）、管理层特征（如年龄、持股程度等），以及市场特征（如人才市场竞争程度）对公众风险认知在企业层面经济后果的调节作用。

1.4　研究特色与创新

基于中国产业结构转型升级的经济发展现状，以及生产消费模式由环境消耗型转向环境友好型的时代背景，本书重点分析了公众对环境污染事件的认知、区域对人才吸引力的影响，以及企业人才吸引行为之间的关系。从研究设计上看，本书检验了公众环境风险认知如何影响企业董事会结构、企业薪酬安排、企业财务报告行为以及企业税收规避行为。同时，本书结合企业特征、管理层特征以及市场竞争环境，对公众环境风险认知在企业层面经济后果的作用机制展开了分析。本书研究特色以及可能的创新之处可以归纳为以下几个方面：

1. 本书以公众对环境污染的风险认知为视角，通过定性与定量的研究方法识别了区域人才吸引力对企业行为的影响，以及企业通过怎样的人才吸引方法来弥补环境污染风险在区域人才吸引力方面所带来的负面影响。这为探讨经济发展过程中环境污染问题以及产业结构转型升级过程的人才问题提供了重要的研究方向。

2. 人力资本流动是社会经济发展的重要特征，本书从环境污染视角入手，丰富了影响区域人力资本吸引力因素的研究。以往研究多集中于探讨区域文化、区域经济以及区域政策对人力资本吸引力的影响，而忽视了人们日常生活中最重要的方面——自然环境的影响。空气污染问题是当今中国重点关注的社会问题，关系着人们的身体健康。一般而言，人们倾向于在清洁的空气中，在蓝色的天空下工作。以 PM2.5 为代表的雾霾成因问题已经深刻地影响了人们在工作以及生活中对地域的偏好。本书研究基于中国空气污染的现实背景，探讨了空气污染与区域人才吸引力问题，在补充现有文献不足的同时，更具有现实含义和重要的政策价值。

3. 本书以微观企业为研究对象，探索了劳动力市场变动在企业层面的经济后果，这可以增加对宏观社会问题的微观认知，以便于提出更具可操作性的政策建议。经济转型升级的本质是企业的创新升级，而企业只有能够吸引并留住人才，才能进行创新发展。企业是社会经济的基本构成，探索人才市场变动对企业经营的影响，以及企业如何吸引人才来保证自身的发展，具有重要的现实价值。本书研究可以帮助企业结合外部自然环境制定更为合理的人才政策，也可帮助政府因地制宜地为企业吸引人才提供条件。

4. 本书从公众对环境污染的认知入手，建立了准自然实验，为探索自然环境质量与企业行为之间的因果关系提供了可信的实证证据。一般而言，一个地区的空气质量很难在短期内发生明显变化，这导致直接观察空气质量变化对区域人才吸引力的影响比较困难。即使空气质量在短期内发生了变化，也很难保证这种变化不与当地产业结构调整、环保政策调整相关联，这就会造成一定程度的变量遗漏问题。本书所探讨的公众对 PM2.5 的认知是突然发生的，其直接原因是中央文件的颁布唤起了公众对污染物的关注，同时 PM2.5 数据显示，在公众认知之前，以 PM2.5 为代表的环境污染问题一直存在。因此，此次公共环境污染认知事件在实证效果上，等同于一个区域的 PM2.5 环境危害突然发生，且会持续影响人们的行为，这就为本书研究空气污染对企业财务行为影响的因果关系提供了强有力的研究基础。此外，不同于之前的研究，本书研究涉及多个学科，将社会心理学、信息传播学、经济学以及企业财务理论相结合。这种跨学科的研究结果可为多个学科的发展作出贡献，且具有进一步深入探讨的潜力。

文献综述

2.1 理论基础

本书研究试图以公众环境风险认知事件为研究背景，探讨区域环境污染对人力资本市场的影响，并提供微观企业层面的证据。本书研究涉及多种理论，就环境风险与区域人力资本市场之间的关系而言，环境与人口迁移理论是本书的理论基础；就公共环境风险认知而言，舆论场理论可以解释公众对特定事物产生认知的机理；就企业人才吸引行为而言，薪酬理论与信号传递理论可以为企业薪酬安排、盈余管理行为以及避税行为提供理论支撑。

2.1.1 环境与人口迁移理论

人口迁移涉及人口居住地与工作地的迁移，从迁出地暂时或永久地转移到迁入地的行为构成了人口在不同区域之间的空间位置移动。伴随着人口迁移，区域人口分布与劳动力结构往往会发生深刻变化，这影响了区域经济发展的活力、产业创新的人才基础、文化的交流，以及民族融合进程（Lee，1966）。

综合现有文献，自然因素、社会因素以及政治因素一般被认为是人口迁移的主要影响因素。其中，自然因素主要包括气候、淡水资源、土壤、矿产与自然灾害等，这些因素直接作用于人们的身体，构成了农业和工业生产的基本生产材料，并决定了人们的生产生活空间格局。社会因素主要包括经济发展水平、产业布局、交通与通信条件、文化教育水平，以及家庭婚姻情况。一般情况下，人口会从低收入地区向高收入地区流动，交通发展降低了人口流动的难度，且文化教育以及家庭因素会改变人们的生活期望。此外，政治因素主要包括政策、战争，以及政治变革。诸如户籍政策、特区建立、政治中心转移等政治因素会促使人口流动，同时，战争对人们正常生活与秩序的破坏也会迫使居民迁移。

在人口迁移理论的基础上，学者们进一步深入开展有关人口流动影响因素的研究，形成了"推拉理论"。在"移民人口学之理论"一文中，Lee（1996）指出，生活或工作条件的改善是人口流动的首要考量因素，人口迁出地中那些令人不满的生活与工作条件构成了"推拉理论"中的推力，而迁入地中那些有利于改善生活与工作质量的因素构成了"推拉理论"中的拉力。与此同时，在迁出地与迁入地之间还存在着干扰因素，例如，宗教文化差异、语言差异性、社会经济结构差异以及空间距离等均构成了阻碍人口迁移的干扰因素。因此，在现实生活中，人口迁移正是推力、拉力以及干扰因素共同作用的结果。

自然环境的优劣与区域人力资本吸引力之间关联密切，且随着居民收入水平的提高而增强。20 世纪 50 年代的诺贝尔经济学奖获得者库兹涅茨提出了著名的库兹涅茨曲线理论，该理论起初探讨了居民收入水平与社会资源分配公平程度之间的关系，这种关系体现为，收入分配公平程度随着国民经济的发展先降低后升高，呈现 U 形曲线关系。自然环境是公共资源的一部分，诸多研究将库兹涅茨曲线理论与环境资源相结合，认为当国家或者地区的居民收入水平较低时，该国或者地区的环境污染问题往往较为严重，且随着经济的发展，环境质量会日趋恶化；随着经济的进一步发展，在到达一个临界值或者"拐点"后，环境污染问题会逐渐受到重视，严重的环境污染问题也会逐渐得到缓解，这种现象可以通过环境库兹涅茨曲线得到经济学意义上的描述。环境库兹涅茨曲线的重要推论是，随着收入的提高，民众对环境质量的需求以及重视程度会相应提高，使得一个区域的人口数量或者人力资本吸引力在更大程度上依赖于该区域良好的自然环境。

公众对环境污染的重视程度会随着收入的变化而变化，当收入水平较低时，民众对环境质量的需求也较低。伴随着工业化生产对自然资源的粗放式消耗以及污染物的大量排放，环境逐渐恶化。随着收入水平的提高，人们开始关注现实和未来的生活环境，产生了对高环境质量的需求：一方面，人们更愿意为环境友好产品支付更高的价格，这些购买力可以帮助企业进行技术创新，降低单位产品的自然资源损耗；另一方面，人们会不断强化环境保护的诉求，促使政府出台更为严格的环境规制，而环境规制会引导企业进行环保投资，并使经济结构向低污染环境转变。一般来讲，对于居民收入而言，当人均 GDP 处于 6000—8000 美元时，居民对环境的需求会被激发出来，并形成库兹涅茨曲线的拐点。当前中国正处于这一拐点所涉及的范围中，前期经济的高速发展使居民收入水平快速提高，不断提高的收入水平让人们对生活环境质量有了更高的要求。与此同时，过度的工业化发展也造成了自然资源的浪费以及严重的环境污染，这就造成了人们追求更好生存环境的愿望与现实自然环境污染之间的矛盾。这种自然环境需求与供给之间的矛盾是我国面临的重大社会问题，区域的环境优劣构成了公众在居住地或工作地选择时的重要参考，影响了人力资本的供给，由此构成了本书研究的理论与现实基础。

2.1.2 舆论场理论

舆论场是一种时空环境，在这个环境中，众多人因若干事件的刺激而产生了情感反馈，并通过交流与相互影响而得到了基本一致的舆论观点。舆论场有三个重要的组成内容：触发情感的舆论场渲染物、舆论场的时空开放性，以及舆论场内人群密度与交往密度。一般而言，当舆论场渲染物的情绪感染力较强、舆论场持续的时间与影响的空间越广，以及场内交互更加频繁时，人们越容易受到舆论场的影响，倾向于形成统一的舆论观点，并伴随着强烈的推动舆论向行为转化的诉求。

按照驱动舆论场形成组织的不同，可以将我国舆论场分为官方与民间舆论场。电视台、电台、报刊等主流新闻媒体机构所构建的舆论场多为官方舆论场，其主要工作为宣传和解释国家政策文件、法律法规以及社会核心价值，凸显了国家意志。民间舆论场则多为口耳相传，或者依托网络以及新媒体工具。个体凭借此来表达自身情感与利益诉求，并通过构建舆论环境来参与公共事务讨论。官方舆论场掌握着更加全面和权威的信息，同时出于维护大局的考虑，通常选择谨慎发言，并试图大事化小。由于民众与官方之间的信息不对称，官方舆论场的情绪渲染力、时空持续性以及场内互动程度较低；民间舆论场则借助社交网络平台（如微博、微信平台），频频发声，通常利益诉求明确，且意见领袖辈出，网络集群效应明显。

本书所探讨的公众对 PM2.5 环境风险的认知发生在 2011 年底，这并非由于当年空气污染问题比以往更加严峻，而是公众认知在舆论场中被激发。首先，政府于 2011 年 10 月 20 日的官方文件中首次提及 PM2.5，并阐述了将在今后环保工作中建立更加严格的空气质量监控体系，这构建了官方的舆论场环境。随后，在民间的网络舆论场有关 PM2.5 的讨论逐渐兴起，经过潘石屹、郑渊洁等意见领袖的推动，有关 PM2.5 的讨论迅速进入舆论爆发期（2011 年 10 月 1 日，涉及 "PM2.5" 的微博仅有 29 条；10 月 20 日，此类微博有 231 条；11 月 1 日，此类微博已接近 4 万条）。考虑到单一个体的财力、经验、知识以及能力都是有限的，其对社会的认知与判断很大程度上借助于舆论场形成的统一观点。政府官方以及民间网络讨论所激发的舆论场效应，无疑在短时间内提升了公众对PM2.5 环境风险的认知。

2.1.3　薪酬分配理论

薪酬是员工从事劳动生产、管理服务等工作时，取得的工资、奖金、补贴或者其他方式的报酬，一般以现金或现金等价物形式来体现。有关薪酬理论的研究大概经历了三个阶段：古典经济学的薪酬理论、新古典经济学的薪酬理论和现代薪酬理论。每一个阶段的薪酬理论，又有各自的理论分支。考虑到本书在企业薪酬部分探讨的问题是，在公众对 PM2.5 环境风险认知后，高污染地区人才吸引能力下降，企业为了提高自身人才吸引力，可能会相应地改变薪酬制度安排。这一研究涉及薪酬理论中的最低薪酬理论、集体交涉理论、薪酬激励理论，以及人力资本理论。下面将对这些理论进行具体介绍。

最低薪酬理论认为，员工的工作生活存在必要的成本，如果企业支付的薪酬低于这一必要的成本，员工则无法维持其正常工作生活，这会激发员工与雇主之间的冲突。一般而言，高污染的工作环境会增加员工身体或者心理受到创伤的风险，即员工工作成本会随着污染危害的提升而提升。因此，在员工认知到环境污染的风险后，往往会要求更高的薪酬待遇。

集体交涉理论认为，员工需要组织起来形成与企业聘主相抗衡的利益群体，通过雇员与雇主之间的力量对比，在集体谈判中协调双方利益，并决定员工薪酬水平。影响雇员与雇主之间的力量对比的重要因素是人力资本市场的供需关系，当人力资本供大于求时，员工薪酬谈判处于劣势，而当人力资本供小于求时，员工薪酬谈判处于优势。公众针对 PM2.5 环境风险的认知会造成空气污染较为严重的地区人口流出，这弱化了该地区的人力资本供给，因此，该地区企业的员工组织在薪酬谈判时更具优势，可以争取到更好的薪酬待遇。

薪酬激励理论认为，员工工作绩效与薪酬激励相关。薪酬激励一般包括薪酬水平高低的激励以及绩效薪酬的激励。在现实生活中，经济需求是员工的基本需求，在员工工作能力一定的情况下，企业可以通过合理安排薪酬制度来激励员工提高绩效。随着公众环境风险的认知，员工可能受到环境因素的影响而消极工作，此时，企业应当适时调整薪酬制度，通过制定合理的薪酬水平以及增加绩效薪酬来激励员工，提高工作绩效。

人力资本理论认为，由于经受了不同程度的教育培训以及实践锻炼，人们的专业知识和管理能力有所不同，这构成了人力资本的差异性。一般而言，人力资本水平越高，其生产效率越高，企业也愿意为较高的人力资本支付更好的薪酬待遇，以此在劳动力市场中吸引优秀的人才资源。考虑到公众环境风险认知对人力资本市场的影响，高污染地区的人力资本基础会变得更加薄弱，企业为了生存和发展，有必要改变薪酬安排，并在人力资本市场中吸引更多的人才资源。

2.1.4　信号传递理论

信号传递理论是信号理论的主要内容，该理论探讨了在信息不对称的环境中，信息源如何通过可观察的行为向外界或固定对象传递标的物的价值信息。

首先，信息不对称（Asymmetric Information）是指参与经济活动的不同组织或个人对同一标的物的认知存在一定程度的信息差异。信息不对称理论主要是由经济学家 Joseph Eugene Stiglitz、George A. Akerlof 和 A. Michael Spence 提出的。经过诸多丰富的研究，该理论被广泛地应用于公司治理、产品交易以及金融市场等领域。该理论认为，市场中卖方比买方拥有更多的商品信息，信息较少的一方会努力获取更多的信息，而信息较多的一方可以通过向信息较少一方传递信息而获益。同时，市场信号是信息传递的重要方式，可以在一定程度上弱化信息不对称现象。

其次，除了公司治理与资本市场领域外，信号传递常见于劳动力市场中，有利于实现劳动力市场的均衡状态。在《市场信号：雇佣过程中的信号传递》一文中，斯彭斯开拓性地提出了聘员教育水平是一种信号的观点，分析了具有信息优势的个体如何通过信号传递来提升劳动市场配置的效率，他的研究使得劳动力市场模型成为了信号传递理论中的经典模型。结合本书研究，在环境风险的影响下，高污染地区的人力资本供给受到了负面影响，企业有必要向外界传递积极的信号，提升企业自身的人才吸引力。财务报告是企业信号传递的主要内容，而财务盈余则展示了企业经营情况以及未来发展预期，企业可以通过盈余管理以及避税行为来美化财务报告，以此向人力资本市场传递积极的企业信息。

2.2 文献综述

本书研究涉及自然环境因素对区域人力资本市场的影响，以及人力资本市场变动对企业层面经济后果影响的分析。因此，在文献综述部分，本书将重点梳理研究区域人力资本供需结构的影响因素的文献，以及区域人力资本供需结构变动对企业层面经济后果影响的文献，并对现有文献进行评述。

2.2.1 区域人力资本供需结构的影响因素

关于人力资本市场供需结构影响因素的讨论主要集中在区域人口流动方面。一般而言，人才要素区域间流动受多种因素的影响，主要归结为第一自然因素（first nature factors）、第二自然因素（second nature factors）和制度因素（institutional factors）。第一自然因素主要是指自然地貌、气候与文化等（Albouy 等，2013）。第二自然因素主要指区域经济发展水平、工资收入、市场潜力、海外市场竞争状况，以及劳动力池等经济因素（蔡昉，1995；王桂新，1997；杨云彦 1999；Liang 和 White，1997；段成荣，2001；朱传耿等，2001；Fan，2005；王桂新等，2013；Yonker，2010；David 等，2013）。制度方面的因素主要指宗教民族政策、教育政策、就业保护政策、户籍政策以及人才引进政策等（Millard 和 Mortensen，1997；Mortensen 和 Pissarides，1944，1999；Charlot 和 Duranton，2004；陆益龙，2008；Bosker 等，2012；梁琦等 2013；Bennett，2016）。

在区域经济发展因素方面，蔡昉（1995）的研究发现，推动农村人口流向城市的首要因素是城乡二元经济结构与城乡居民收入差距。王桂新（1997）则进一步指出，区域间居民收入的差距深刻地影响了我国居民的工作地选择，并造成了人口区域迁移。通过分析第四次人口普查数据，杨云彦（1999）实证检验发现，区域收入与经济发展程度对不同类型的人口迁移均有显著影响。巫锡炜等（2013）的研究表明，地区经济发展潜力与可提供的就业机会构成了人口流入地的区域吸引力。王桂新等（2013）发现，不管是人口迁出地还是迁入地，均呈现一定程度的集中趋势，即体现为人口迁出地弱者恒弱，而人口迁入地强者恒强的特征。

在外商投资以及海外市场竞争方面，Liang 和 White（1997）利用外商对中国各城市投资的数据发现，外商投资显著增加了被投资地区的人口流入程度。段成荣（2001）、朱传耿等（2001）以及 Fan（2005）利用不同数据所做研究均发现，外商投资与人口流入程度呈现显著正向关联。就产品市场竞争而言，David 等（2013）使用 1990—2007 年数据研究表明，美国进口海外产品对美国本土劳动力市场造成了冲击，这种冲击可以解释相关产业就业人口下降四分之一的现象，同时造成了当地政府对失业、伤残、离职以及医疗等方面进行转移支付的财政压力。

Andersson（2007）对劳动力池的研究发现，城市劳动力的密度越高，则越可能形成用人企业与职工的有效匹配，并提高城市整体生产效率。同时，居民的乡土情结也会影响劳动力池。Yonker（2010）发现 CEO 具有乡土情结，倾向于回到家乡城市工作，尤其是当家乡城市的生活环境较好时。与此同时，企业也倾向聘请当地出生的 CEO，因此，出生地同时影响了劳动力市场的供给与需求。此外，结合 Khurana（2002）的研究发现，Yonker（2010）对出生地现象提出了五种可能的解释理论：信息搜索成本理论、文化匹配理论、懒惰理论、寻租理论和地域偏好理论。

宗教、种族以及性别会造成劳动力市场割裂，这降低了劳动力流动性，进而造成了劳动力在某些地区或者行业供给过多，而其他地区或行业又供给不足的现象。以美国市场为例，相关研究大多发现，其劳动力处于分割状态。即按照种族、宗教、性别、教育程度等形成不同的群体，且不同的劳动力群体的工作环境、晋升机会以及工资水平等截然不同，这种劳动力市场分割情况长期存在。经典的劳动力市场理论认为，企业会按照利润最大化的原则，按照员工特征进行招聘，经过长期的市场竞争，劳动力市场分割会逐渐消失。对于市场分割产生的原因，Reich 等（1973）认为，正是资本主义内在的政治与经济力量产生了劳动力市场分割，即市场分割内生于当前经济体系中。

教育政策是影响劳动力供给质量的关键因素。一方面，教育提升了劳动力市场参与者的平均素质，有利于其获得更高的工资。例如，Duflo（2001）利用印度尼西亚 1973—1978 年大规模兴建学校的事件，使用兴建学校的数量作为工具变量，估计了劳动力市场中员工教育程度的提高所能带来的经济回报。研究发现，教育可以显著提高员工薪酬，增加企业绩效。另一方面，面对日益增加的高技术人才需求，现有教育很难满足市场需求。例如，Alan（2003）、

David 等（2006）以及 Autor（2010）的研究表明，近几十年来，美国劳动力市场对高技术职工的需求快速增加，自 1980 年代晚期，美国教育已无法满足对高技术工作者的需求，而且还伴随着男性职工获得高等教育这一比例的快速下降。此外，就业机会也出现两极化，高技术能力和低技术能力的劳动者有更多的就业机会，而中等技术能力、中等收入的白领与蓝领的工作机会正在快速减少。此外，利用工作环境中职工之间交流的调查数据，Charlot 和 Duranton（2004）发现，大城市以及教育水平更高的城市中存在知识外溢的效应，表现为员工之间有更多的交流，且这种交流可以带来更高的工资收入。

政府的就业保护政策与户籍政策同样影响一个区域的劳动力市场。就业保护政策是政府主要的劳动力市场政策，这种政策提高了企业开除员工的成本。关于职业保护政策，大部分研究发现该政策会降低劳动力流动，但对于职业保护政策是否能够促进就业这一观点，并没有得到统一的结论（Millard 和 Mortensen，1997；Mortensen 和 Pissarides，1944，1999）。Bennett（2016）发现，严格的就业保护政策在减少低技能劳动者失业风险的同时，也会增加高技能劳动者的失业风险。此外，Cahuc 和 Vinay（2002）探讨了政府鼓励临时性工作的政策效果。这一政策的初衷是创造更多的劳动岗位，然而该政策实际上也造成了大量劳动岗位的消失，尤其是当政府的就业保护政策同时发挥作用时，企业担心辞退员工的成本提高，会倾向于不将临时性岗位员工转为长期岗位员工。在我国，户籍制度是影响区域人力资本供给的重要因素。一般而言，户籍政策与多种社会福利绑定，在就业、医疗、子女入学以及住房等方面，户籍人口与非户籍人口待遇存在较大差异（陆益龙，2008）。就人口流动而言，户籍制度阻碍了人口自由迁移，Au 和 Henderson（2006，2010）研究发现，户籍制度导致中国城市化水平不足，特别是阻碍了大型城市的发展，使中国城市呈现出规模普遍较小、中小城市发展较快而大城市的发展停滞不前的基本特征。Bosker 等（2012）也发现，随着户籍政策的松动，劳动力流动性得到增强，特大城市的中心地位不断得到巩固，形成了北京、上海、广州等特大城市群，并使得城市中心与外围结构更加分明。同样，梁琦等（2013）依据空间经济学理论指出，户籍制度严重影响了劳动力资源的有效配置，由于劳动力区位选择受限，城市规模并未达到帕累托最优状态，中国亟须深化户籍改革。

2.2.2　区域人力资本供需结构变动的经济后果

劳动力市场变动对企业层面微观经济影响后果的研究主要集中在企业董事声誉、高管薪酬、企业社会责任、盈余管理等方面。此外，劳动保护与企业经营之间关系的研究也得到了重视。

Levit 和 Malenko（2016）的研究发现，劳动力市场奖励具有良好声誉的企业董事，而董事为了追求声誉，会以劳动力市场认可的方式从事公司治理。董事的公司治理模式可以分为"股东友好型"和"管理层友好型"。通过劳动力市场的学习效应和溢出效应，同一市场的董事相互模仿，使董事的治理模式趋向统一。至于治理模式最终收敛到"股东友好型"还是"管理层友好型"，则取决于劳动力市场在初始状态下大多数企业中董事的行为倾向。

此外，在劳动力市场中，人们作出职业选择时常常会考虑工作环境的优劣（Power，1980；Myers，1987）。如果工作环境较差，个体会要求更高的薪酬（Smith，1979）。例如，当企业位于有利于人才吸引力的地域时，企业用于保证劳动力供给的薪酬可以被削减（Myers，1987），而位于区域吸引力较弱地区的企业通常会通过提高工资来吸引相同素质的员工（Roback，1982）。在实证证据方面，Deng 和 Gao（2013）的研究发现，当企业位于污染、犯罪率较高等不易于居住的地区时，企业倾向于支付给 CEO 更高的薪酬。且当企业面临较强管理者劳动力市场竞争、CEO 为企业外部聘请，以及 CEO 具有短期职业考虑时，这种效应更加明显。这表明，在劳动力市场中，公司提供的非货币薪酬（如所在地的良好生活环境）与货币薪酬之间具有替代效应，共同起到了吸引管理层人才的作用。此外，高管劳动力市场的供需也是影响薪酬的重要因素，例如，Acemoglu 和 Newman（2002）利用模型推导发现，当劳动力市场中企业需求增加时，企业会选择增加管理层工资，并降低对管理层的监督。同时，在劳动力需求增加的背景下，降低对管理层的监督可以为企业带来净收益。Ang 等（2010）研究表明，一个区域的 CEO 可以联合起来形成劳动力市场中的统一力量，通过向企业施压，获得更好的待遇，如更高的 CEO 薪酬、更少的工作时间等。这种来自 CEO 的社会压力在区域企业数量较多时更容易产生。

　　企业社会责任既是劳动力市场供需均衡下的产物，也是企业用以吸引具有较高责任感、道德感员工的有效方法。McWilliams 和 Siegel（2001）通过建立成本—收益分析框架，探讨了企业社会责任的影响因素，其中劳动市场是重要影响因素。对于工会企业，劳动者可以通过工会向企业施压，要求得到安全、财务，以及工作环境等方面的优待；对于非工会企业，劳动力市场的胁迫效应同样能够迫使其增加社会责任投资（Freeman 和 Medoff，1983；Mills，1994），这是由于同行业其他企业通过增加员工待遇来提高员工的忠诚度、责任感以及生产效率，可以对非工会企业造成威胁。而且，在技术型劳动力短缺时，企业通过提高社会责任来招聘和挽留职工的动机更强（Siegel，1999）。

　　除了社会责任外，财务报告的粉饰行为也是企业吸引员工，并为其提供隐性权益的手段。Bowen 等（1995）发现，如果企业对劳动力依赖程度较高，则更会使用正向的盈余管理；Burgstahler 和 Dichev（1997）发现，降低职工聘用成本是企业进行盈余管理的重要原因。Matsumoto（2002）研究发现，当企业更加重视为利益相关者提供隐性权益时，企业会通过盈余管理来粉饰财务报表，进而达到分析师对企业的预期。类似地，Cheng 和 Warfield（2005）的研究发现，盈余管理可以成为企业管理层获取隐性权益的手段，当管理层执行较高价位的股票期权时，往往会通过盈余管理让财务指标达到分析师的预期，进而为其日后出售股票提供便利。Dou 等（2016）以美国员工失业保险为研究背景构建外生冲击实验，研究发现，当员工得到失业保险的保护时，企业倾向于降低操作性应计盈余，提高会计稳健性，以及增加下调收益的财务重述行为。这一发现与财务报告粉饰可以吸引员工留任，增加员工忠诚度的理论预期一致。此外，Gao 等（2018）以防止商业机密泄露法案为背景，探讨了员工跳槽与企业盈余管理之间的关系，实证研究发现，美国的防止商业机密泄露法案通过之后，企业可以以保护商业机密不被泄露为名限制员工的跳槽。这使得企业通过粉饰财务报告留住人才的需求变小，故而企业进行正向盈余管理（美化财务报表）的行为随之减弱。同时，在调节变量方面，当企业人才需求较大（即企业具有较多无形资产、较多管理性人才以及较多专利研发人员），以及企业职工流动性较强时，防止商业机密泄露法案与企业盈余管理行为之间的关系会更加显著，这与其基本研究假设保持一致。通过上述实证研究，可以得出结论，即公司可以通过盈余管理行为美化财务报表，进而为公司保持良好形象，以便吸引更多的优秀员工。

针对劳动保护对企业经营的影响有较多的研究，主要体现在劳动力成本、劳动力黏性、企业创新，以及投资水平等方面。按照劳动力市场就业情况，可以区分为在职员工的内部人市场以及未就业（临时）的外部人市场。Bertola（1990）理论分析表明，内部人可以享受到更好的劳动保护，工资谈判力更强，可以得到高于完全竞争条件下的工资水平，这即是基于劳动保护的"内部人—外部人"理论（Insider - outsider Theory）。Wiel（2010）利用荷兰公司员工调查数据发现，劳动保护确实增加了在职员工的工资。Freeman 和

Li（2013）利用珠三角地区的调查问卷数据发现，劳动保护抑制了企业工资拖欠行为。劳动保护除了直接提高在职职工工资外，还会提高劳动力成本黏性，这是由于劳动保护提高了企业解聘职工时的成本（如提前告知，以及经济补偿等）。Kan 和 Lin（2011）通过对台湾地区的劳动保护法变化的研究发现，劳动保护降低了员工流动性。Banker 等（2013）利用多国数据研究发现，劳动保护法律越严格，企业成本黏性越高。刘媛媛和刘斌（2014）以中国 2008年《劳动合同法》的实施为背景，研究发现，劳动保护增加了企业人工成本黏性，对民营企业产生的效应更加明显，且增加了企业使用机器设备代替人工的可能性。倪骁然和朱玉杰（2016）同样借助《劳动合同法》的实施为背景探讨了企业创新行为，研究发现，法规实施后，在劳动密集型企业中，以研发投入衡量的创新投入显著增强，且这一效应在创新需求较高的行业、竞争更激烈的行业，以及民营企业中体现地更加显著。对于企业整体投资水平而言，潘红波和陈世来（2017）的研究发现，劳动保护法规会降低企业投资水平，并拖累宏观经济增长。

2.2.3 文献评述

首先，相关文献在讨论影响区域劳动力流动的第二自然因素时，主要关注于一个地区人力资本的聚集力（诸如高工资与收入、市场潜力以及知识外部性等），而忽视了地区人力资本的分散力（诸如拥堵的交通、高房价、高物价，以及环境污染问题）。此外，现有人口迁移理论框架认为，自然环境与社会经济环境均对劳动力流动产生重要影响。因此，只关注地区吸引力，而忽视地区分散力，或者只强调社会、经济环境，而忽略自然环境的作用，并不利于整体把握劳动力市场供需结构变化的内在机理。当前中国虽然在经济上取得了高速发展，但自然环境日益恶化，自然环境对劳动力市场的影响也日趋显现。经济发展与自然环境之间的矛盾，迫切要求中国产业结构转型升级，并将环境消耗型经济转变为环境友好型经济。在此背景下，有必要深入探讨自然环境与劳动力市场之间的关系，以及这种关系对企业微观层面的影响。

同时，劳动力市场与企业行为之间的关联是一个较大的研究领域，且具有重要的现实意义。现有文献虽然在企业薪酬、社会责任、员工成本、投资和创新等领域对劳动力市场与企业的关系进行了探讨，但数量较少，宽度和深度也有待进一步提升。自然环境是影响劳动力市场的重要因素，然而通过梳理相关文献，本书发现，有关自然环境如何通过劳动力市场影响企业行为的研究更加稀缺。当今中国，乃至世界都面临着严峻的自然环境挑战，而劳动力又是国民经济发展的基本要素，因此，基于劳动力市场，探索自然环境与企业行为之间的关系具有重要的实践意义，有必要对该领域展开深入探讨。

此外，以往有关劳动力市场的研究多关注单一的学科领域。有关媒体舆论与公众环境风险认知、环境污染与区域人力资本供给，以及劳动力市场与企业财务行为之间关系的分析，涉及环境科学、社会心理学、劳动力经济学以及企业财务理论等多个学科，只有通过多学科融合才能得到合理且完整的探讨。本书试图运用多学科理论，对公众环境风险认知、企业董事会结构与企业人才吸引做出系统性的研究。

最后，现有研究在数据来源以及研究设计上同样存在短板。一方面，基于调查问卷的研究（如探讨劳动力市场与员工薪酬的研究）样本数量有限，所得结论在统计学上效力较低，且调查问卷受时空限制，其结论是否具有普遍意义同样存疑；另一方面，回归模型普遍存在内生性，这是本研究话题的特性决定的，事实表明，影响劳动力市场结构的因素是复杂的，且有一些影响因素（如企业劳动力需求数量）本身就来源于企业行为，更何况一些遗漏因素同时影响着区域劳动力市场与企业行为。以外生事件为研究背景，本书通过构建双重差分模型来探讨外生事件如何影响劳动力市场结构以及企业行为，这是减弱模型内生性的有效手段。在相关文献中，对《劳动合同法》的研究，以及 Gao 等（2018）对商业机密泄露法案的探讨，为本书提供了优秀的研究设计范例。本书将在前人研究方法上进一步创新，以得到稳健可靠的结论。

公众环境风险认知、地域偏好与董事会结构

3.1 引言

自然环境风险是一个具有外部性的全球性问题。越来越多的文献从公共健康、劳动力供应、劳动生产率、投资者行为和资本市场的角度，研究了自然环境风险的影响后果（Nielsen 等，1995；Seaton 等，1995；Iii 等，2002；Graff 和 Neidell，2012；Chang 等，2016；Heyes 等，2016；Painter，2018；He 等，2019）。事实上，越来越多的发达国家和发展中国家开始重视环境风险问题，并出台相应的法律法规，来应对和防范其潜在危害[①]。正是在这种背景下，2018 年诺贝尔经济学奖授予了保罗·M. 罗默与威廉·D. 诺德豪斯，用以表彰他们在研究气候变化和经济增长方面的杰出贡献。

研究证据表明，人类的定居和迁移模式与自然环境风险变化有着密切的联系（Geel 等，1996；Yesner，2001；Tyson 等，2002）。例如，Revi（2008）记录并发现了自然环境风险（如干旱、空气污染、海啸、海平面上升）迫使印度在过去几十年里的城乡移民步伐加快，极端的气候环境对经济发展和社会进步起到了负面作

---

① 参见 https：//www.ft.com/content/82c25590 – 2b41 – 11e9 – a5ab – ff8ef2b976c7。

用。McLeman（2006）的研究也支持这一观点，他详细阐述了自然环境风险对经济增长和城市生产力的不利影响。由此可见，人口迁移是对不利环境条件的适应性反应，这在一定程度上导致了区域劳动力市场结构的变化。然而，现有文献对环境风险和企业层面人才结构之间关系的探讨还较为匮乏，而且在为数不多的实证研究中，并没有很好地解决内生性问题。

近几年，中国日益增长的空气污染已成为威胁个体日常生活和工作的主要因素，这也是本章选择空气污染作为研究对象的原因之一。据《南方早报》报道，中国的空气污染（以污染物 PM2.5 和 O_3 为例）已经造成平均每年 110 万人死亡，而每年的经济损失更是高达 2670 亿元人民币。在过去的三十余年，中国经济实现了举世瞩目的快速发展。但这一目标的实现很大程度上依赖于资源消耗型的粗放式发展模式，其不可避免地导致了严重的空气污染。鉴于较差的空气质量对身体健康会产生不利影响，那些位于重污染城市的公司可能面临更为严峻的人才市场供应情况。具体而言，当公众认知到环境污染的危害时，重污染城市的企业维持和吸引专业技能人才的难度会显著提升。因此，结合中国的现实情形，探讨环境风险认知对企业人才结构的影响具有重要的现实意义。

公司治理是会计学专业的重要研究方向，而董事会结构是公司治理的核心。本章以 2011 年公众对 PM2.5 空气污染物及其危害的认知为背景，基于环境风险与个体工作地选择偏好关系的分析，探讨了公众环境风险认知如何影响董事会人员结构。虽然，董事会结构的内涵较为丰富，如独立董事比例、董事性别、年龄、教育背景、文化背景以及社会关系等，本书聚焦考察了董事会中独立董事数量、比例、地域来源，以及独立董事参与公司治理行为的变化。之所以聚焦于独立董事，是因为该研究对象具有以下优点。第一，独立董事可以在不同的公司同时兼任多个职务，这是符合法律规定的，也是较为常见的现象（Kaplan 和 Reishus，1990 年）。因此，相对于执行董事群体，独立董事在工作场所的选择上拥有更多的自由和空间。第二，依据"环境库兹涅茨曲线"理论的推论，随着国民收入水平的提升，人们将更加重视现在与未来的生活环境。相对于普通劳动力而言，担任独立董事的个体往往具有较高的认知水平和专业技能，他们对环境质量的敏感程度也更高，在考虑工作地时更可能权衡空气污染因素的影响。第三，独立董事制度是公司治理的核心制度，独立董事在公司决策和治理过程中发挥着重要作用，探讨公众环境风险认知对独立董事的影响具有重要现实意义，且有利于进一步分析公众环境风险认知的经济后果。综上，考虑到独立董事的高流动性、对空气环境的敏感性以及在公司治理中的重要性，本章通过构建独立董事个人特征（如性别、年龄、日常居住地、公司治理参与程度等）的数据库，从企业人才结构变动的角度，分析了环境风险认知对企业董事会结构的影响。

本章选择 2007—2016 年间的中国沪深 A 股上市公司为研究样本，手工收集了独立董事生活与工作的地理位置，以及其他企业财务数据与城市特征数据，通过探讨独立董事工作地的选择，来分析公众空气污染认知对董事会人员结构的影响。由于不可观测的遗漏变量会造成内生性问题，这会阻碍我们识别空气污染对个体地理选择的真实影响。例如，空气污染与地方产业结构等区域因素密切相关，而这些因素会同时影响人们的区域偏好。鉴于区域环境质量相对稳定，我们很难从这些混杂因素中单独观察空气污染对个体地理偏好的影响。为了解决这一问题，本章利用 2011 年公众对 PM2.5 的认知作为外生事件，以考察上述因果关系。在 2011 年，PM2.5 在中国政府官方文件中被首次提及，伴随着媒体的跟踪报道，公众开始认知到这种空中漂浮微粒对个体健康的危害（更多细节见第 1 章）。考虑到公众对 PM2.5 的认识具有随机突发性，在实证检验的效果上，当某些地区爆发了重大环境污染事件，将为本章通过双重差分检验来探讨因果关系提供了独特的研究环境。具体而言，本章将 2011 年末（公众空气污染认知发生年份）处于高污染城市的样本作为实验组，而空气质量相对较好的城市作为对照组。通过构建双重差分模型，检验了公众对 PM2.5 环境风险认知对实验组中独立董事工作地选择的影响效应，体现为企业董事会结构（独立董事人数、比例以及地区来源）的变化。

本章的主要研究发现如下。首先，公众对环境污染风险的认知显著降低了高污染地区独立董事的供给。具体表现为，相对于低污染地区，高污染地区的企业董事会中独立董事数量以及比例呈现显著下降趋势，且离开企业的独立董事主要来自空气质量较好的地区。同时，企业与董事个体特征起到了重要的调节作用。在企业特征方面，当企业支付给独立董事的薪酬较低、企业盈利能力较差、以及企业为民营企业时，环境风险认知对区域独立董事供给的影响更为显著。在董事个体特征方面，当独立董事年龄较大且为女性时，环境风险认知对区域独立董事供给的影响更为显著。此外，针对独立董事个体行为的进一步研究发现，环境风险认知会影响独立董事个体的工作选择，受到影响的独立董事会减少在高空气污染地区的工作，并增加在空气质量较好地区的工作可能性。最后，针对公司治理与企业市场价值的研究发现，公众环境风险认知使得独立董事减少了在高污染地区的参会比例，也对企业市场价值造成了负面影响。

本章的研究贡献有以下三点。（1）有助于从独立董事地域偏好的角度丰富环境污染与人力资本市场之间关系的探讨。首先，不同于 Hanna 和 Oliva（2015）对区域劳动力市场整体变化的观察，以及 Geel 等（1996）、Yesner（2001）、Tyson 等（2002）对居民区域间迁移的宏观分析，本章阐述了环境污染如何影响独立董事个体的地域选择偏好，从个体的角度提供了更直观的证据。同时，不同于分析环境问题对工人生产力的影响（Graff 和 Neidell，2012；Chang 等，2016，2019），本章强调了其对独立董事个体工作地选择偏好的作用。考虑独立董事不同于普通体力劳动者，其具有更好的专业技能和知识储备，是社会和经济发展的必要支柱。因此，本章为研究空气污染对区域人才流动的影响提供了更直观且重要的独立董事个体层面的证据。（2）本章研究丰富了对企业董事会结构影响因素的研究。董事会结构及其功能的影响因素一直是学者关注的重点（Kaplan 和 Reishus，1990；Linck 等，2007；Knyazeva 等，2013；Levit 和 Malenko，2016；Hu 等，2010；Kim 等，2014；LeL 和 Miller，2018）。本章从区域人才吸引力的角度分析了公众空气污染认知对独立董事工作区位选择的作用机制及其对企业董事会结构的影响机理。在进一步分析中，本章从董事会效率（董事会会议参与）和公司价值（托宾 Q）角度拓展了现有研究，进一步证实了公众环境风险认知对公司治理和企业价值的负面经济影响。（3）本章研究有助于理解环境污染在塑造高管的地域选择、区域经济发展以及产业转型升级中的重要作用。环境风险，尤其是污染物 PM2.5（雾霾的主要来源）对全球生态和社会经济发展构成了巨大挑战。考虑到中国环境污染与经济发展之间的矛盾具有典型性，本章研究以中国为背景，某结论对发达国家和转型经济体均具有深远的参考价值。同时，本章发现，恶劣的区域环境质量会降低城市对人才的吸引力，进一步威胁到企业的可持续发展。政府在制定环境政策和法律法规时应充分考虑这些不利因素。

3.2　理论分析与研究假设

3.2.1　环境风险认知与区域独立董事供给

中国经济在过去的几十年里有着快速的增长，同时也伴随着污染的急剧增加。空气污染是造成环境污染的主要因素之一，对公共卫生、居民生活水平和社会可持续发展构成了直接威胁（He 等，2019；Chang 等，2019）①。

随着美国和部分欧盟国家强制公布 PM2.5 数据，中国也越来越重视环境问题。在 2011 年，中国政府和环境保护部颁布了新的法规，将 PM2.5 纳入监测范围，并建议定期监测和发布 PM2.5 数据，执行环境空气质量标准，促进大气污染控制。这起与 PM2.5 有关的事件，直接引起了公众对环境风险的重视和关注。

本章预期，这种对 PM2.5 的认识可能会使个人更关心自己的生活或工作条件，从而导致对工作场所的地理偏好。这一逻辑也得到了现有研究的支持：极端气候条件会造成大规模的人口迁移（Revi，2008；McLeman 和 Smith，2006）；糟糕的空气质量或空气中有毒物质含量会降低工人生产效率、认知能力，并更容易激发工人的负面情绪（Graff 和 Neidell，2012；Chang 等，2016；Lavy 等，2014；Hanna 和 Oliva，2015）。Chang 等（2019）进一步指出，空气污染的负面后果不仅限于体力劳动者，还会降低室内服务业工人的劳动生产力。

由于中国民众开始认识到每天呼吸的空气中含有的 PM2.5 会沉积在人们的肺部，对健康造成严重的危害，因此本章推断空气污染对公众工作场所选择的影响具有广泛性。Knyazeva 等（2013）的研究表明，公司总部的天气或气候条件是影响候选人加入董事会的潜在因素之一。随着公众对 PM2.5 环境风险的认知，在高污染地区工作的独立董事会产生一定程度的心理负担，认为在这里工作会损害身体健康，甚至给心情带来负面影响。因此，在高污染地区工作的独立董事实际承担了更大的工作成本。同时，伴随着舆论对 PM2.5 危害的讨论，大量人力资本开始流出高污染地区，这种趋势可能促使独立董事群体一起离开高污染地区，例如，独立董事周

----

① 参见 https：//www.ft.com/content/dd61fa98 – d05e – 11e8 – a9f2 – 7574db66bcd5。

边的亲人、朋友以及同事可能正在离开高污染地区，这一情况，在耳濡目染间，影响了独立董事群体的心理，让其产生相似的离开这座城市的想法；另外，他们的离开会造成社会中许多岗位的空缺或者低效，这使得区域吸引力进一步下降。基于现有经验证据与理论分析，本章认为，在公众认知到PM2.5及其危害后，更有可能离开高污染区域，造成高污染区域人才吸引力的下降，这也降低了该区域独立董事的供给。这一效应在企业层面表现为董事会中独立董事人数和比例的下降。

综上，本章提出假设1：

假设1：公众对环境风险的认知，降低了高污染地区独立董事的供给，具体表现为高污染地区的企业董事会中独立董事数量以及比例的下降。

3.2.2 企业与董事特征的调节作用

员工薪酬激励理论认为，企业支付给员工的薪酬越高，则员工离开工作岗位所承受的机会成本越高（Shapiro和Stigliz，1984），因此，企业为独立董事提供的薪酬，构成了独立董事离开企业时显性的机会成本。相对于同行业竞争者，如果企业所提供的薪酬处于较高水平，离开该企业的独立董事将很难找到具有相似薪酬水平的企业作为跳槽对象。相反，如果企业所提供的薪酬在同行业中处于较低水平，离开企业的独立董事可能会找到更高薪酬的工作，这减少了独立董事因PM2.5环境污染而离开企业的顾虑。因此，本章认为，相对于同行业的其他企业，如果企业给予独立董事的薪酬水平较低，公众环境风险认知对企业独立董事数量以及比例的负面影响将会更加显著。

除了显性的薪酬收益外，独立董事十分重视其社会声誉。独立董事的社会声誉与其服务的企业业绩直接挂钩，一般而言，企业业绩越好，独立董事越是能够从中获得高的社会认同。相反，如果业绩较差，企业很可能面临市场萎缩、员工辞退、不当避税以及财务报告作假等负面媒体报道或行政处罚，这直接损害了独立董事个人的声誉。因此，本章认为，如果企业业绩在同行业中处于较低水平，公众环境风险认知对企业独立董事数量以及比例的负面影响将会更加显著。

相对于民营企业，国有企业存在较强的政治关联，并拥有了更多的社会资源。在国有企业任职的独立董事，可以得到除显性工资待遇以外更多的隐性福利。此外，国有企业负有社会责任，在员工权益保护、环境保护，纳税等方面的业绩更加突出，因此，在国有企业任职的独立董事更有可能获得良好的社会声誉。本章认为，相对于国有企业，在民营企业中，公众环境风险认知对企业独立董事数量以及比例的负面影响将会更加显著。

综上，本章提出假设 2：

假设 2：当企业支付给独立董事的薪酬较低或企业盈利能力较差时，以及企业为民营企业时，环境风险认知对企业独立董事人数及比例的影响更为显著。

除了公司特征的调节作用以外，独立董事的个人特征也会影响环境风险认知与企业独立董事之间的关系。考虑到不同的个体对环境风险的敏感程度具有异质性，本部分探讨独立董事年龄与性别的调节作用。

"环境库兹涅茨曲线"理论认为，居民收入水平的提高，会对生活、工作的环境质量提出更高的要求。一般而言，相对年轻的独立董事，年长的独立董事积累了更多的财富，会对其工作的自然环境质量更加敏感。同时，年长独立董事拥有更多的社会关系资源以及更强专业知识，可以较为轻松地转换工作地点。此外，伴随着年龄的增加，养生逐渐成为了日常生活关心的重点，年长独立董事会更加关心自身的身体健康，逐步弱化了对工作任务和职业晋升等维度的考量。本章认为，随着年纪的增加，独立董事会对 PM2.5 造成的环境风险更加敏感。因此，当企业中独立董事的平均年龄较大时，环境风险认知对企业独立董事人数及比例的负面影响更为显著。

相对于男性个体，女性个体承担着生育子女的压力，并在更大程度上承担了养育照顾子女的工作。空气污染对人体的负面影响会因个体体质的不同而不同，当被影响的对象为婴幼儿或成长期的青少年时，空气污染的负面作用更为严重。此外，考虑到中国社会文化对女性在家庭与工作中的角色定位更加强调家庭责任，女性在职业上的发展往往受到限制。因此，相对于男性独立董事，女性独立董事会对PM2.5空气污染事件更加敏感，更容易在公众环境风险认知后离开高污染的工作地。本书认为，在女性独立董事比例较高的企业中，环境风险认知对企业独立董事人数及比例的负面影响更为显著。

综上，本章提出假设3：

假设3：当企业中独立董事平均年龄较大时，以及女性独立董事比例较高时，环境风险认知对企业独立董事人数及比例的影响更为显著。

3.3　研究设计

3.3.1　样本选择与数据来源

由于公众对PM2.5污染风险的认知发生在2011年底，本章以该事件前后五年（2007—2016年）作为研究区间进行双重差分检验。首先，本章选择中国沪深两市A股上市公司为初始研究样本。其次，考虑到金融类上市公司与其他行业上市公司在财务报告以及经营方式上的显著差异，按照研究惯例，本章剔除了金融上市公司。最后，本章剔除了相关变量数据缺失的样本，共得到 16646 个企业年度观测数据。

独立董事的居住地信息为手工收集所得。为了获得数据，本章首先整理了各个企业独立董事的工作简历，然后通过阅读简历，确定其当前全职工作，最后通过检索独立董事的全职工作所在地来确定独立董事的居住城市。各城市的 PM2.5 数据来源于环保部以及各城市环保局公布的资料，企业财务数据来源于 CSMAR 数据库。数据整理与统计分析使用了 STATA 软件。

3.3.2　变量定义与模型设计

为了检验公众环境风险认知对企业董事会结构的影响，本章构建了如下双重差分模型。具体地，本章试图分析对照组与实验组中，企业董事会结构在该事件发生前后的差异：

$$Number\_IDs \mid Ratio\_IDs = \alpha_0 + \alpha_1 Treat + \alpha_2 Post + \alpha_3 Treat \times Post$$
$$+ \sum ControlVars + \varepsilon \tag{3.1}$$

模型中，被解释变量为企业独立董事的人数（$Number\ of\ IDs$）或独立董事在董事会中所占比例（$Ratio\ of\ IDs$）。解释变量 $Treat$ 是虚拟变量，当 2011 年企业所在城市的环境质量指数（Air Quality Index）高于样本中位数时，即空气质量较差时，取值为 1，否则为 0。解释变量 $Post$ 是虚拟变量，在公众对 PM2.5 污染危害的认知发生之后，即 2012—2016 年间，取值为 1；而在环境风险认知发生之前，即 2007—2011 年间，取值为 0。

本章的核心解释变量是 $Treat$ 与 $Post$ 的交互变量，其系数大小表示，相对于对照组，实验组（空气污染较严重地区）中企业独立董事人数或者比例的变化。相较于只关心事件是否发生的传统回归模型，双重差分模型的检验有利于更好地识别公众环境风险认知与企业独立董事结构之间的因果关系以及实际经济含义。具体而言，若简单地通过计量对比公众环境风险认知前后的独立董事人数或者比例变化，则遗漏了时间趋势对公众环境风险认知与董事会结构的影响。例如，与事件冲击同时发生的宏观经济因素变动可能会影响企业董事会构成。为了排除这些因素的干扰，双重差分模型首先计算了不受公众环境风险认知影响的样本组（即对照组）在相同时间点之间董事会结构的变化，以此代表时间趋势的影响。然后，通过比较实验组与对照组董事会结构的变化，将时间趋势效应排除在公众环境风险认知对企业董事会结构影响的效应之外。

同时，本章控制了一系列与董事会结构相关或与公众环境风险认知相关的控制变量，包括企业经营、治理以及董事会结构特征等企业层面的基本变量 [ROA、Lev、Ln ($Asset$)、Ln ($FirmAge+1$)、$ST\ Firm$、$Dual$、$Number\ of\ affiliated\ directors$] 以及城市空气质量指数 [$One\ term\ lag\ of\ \mathrm{Ln}$ (AQI)] 这一区域层面的影响因素。其中，ROA 是企业总资产净利率，即企业当年息税后净利润与年末总资产之比；Lev 是企业财务杠杆指数，即年末总负债与年末总资产之比；Ln ($Asset$) 是企业规模，即年末总资产的自然对数；Ln ($FirmAge+1$) 是企业上市年数，其值等于企业上市年数加 1 后的自然对数；$ST\ Firm$ 是虚拟变量，表示是否企业股票在当年证券市场中被特殊处理，如果为特殊处理股票取值为 1，否则为 0；$Dual$ 是虚拟变量，如果当年企业的董事长与 CEO 由同一人担任取值为 1，否则为 0；$Number\ of\ affiliated\ directors$ 是企业董事会中关联董事的人数，关联董事是董事会的主要组成部分，其数量直接决定了董事会规模，进而影响了企业独立董事人数及其比例。$One\ term\ lag\ of\ \mathrm{Ln}$ (AQI) 是滞后一年的企业总部所在城市空气质量指数 AQI 的自然对数，本章研究的是公众认知对区域独立董事吸引的影响，因此在模型中控制了空气质量指数，以排除该区域空气质量变化对结论的干扰。同时，空气质量变化对企业董事会结构的影响并非立即发生，会有滞后现象，因此本章控制了滞后一年的空气质量指数。

此外，本章在部分回归模型中控制了企业固定效应。考虑到实验组与对照组的区分是以城市为基础的，本章对回归系数的标准误差进行了城市层面的聚类调整（Cluster by city），以减弱序列相关性的影响，得到更为稳健的结果。同时，为了弱化极端值对结果的影响，本章对连续变量进行了上下 1% 的 Winsorize 处理。具体变量定义见表 3-1。

表 3-1　　　　　　　　　　　变量定义

变量名称	变量定义
企业层面变量	
Number of IDs	独立董事人数。
Ratio of IDs	独立董事比例：独立董事人数与董事会人数之比，并乘以 100。
Ratio of IDs' meeting participation	独立董事会议参与比例：独立董事当年实际参会次数与应该参会次数之比，并取企业所有独立董事参会比例的平均值。
Tobin's Q	企业股票市场价值与负债帐面价值之和，与企业年末总资产之比。
Treat	虚拟变量：当企业所在城市 2011 年的空气质量指数（AQI）高于中位数时，即空气污染较为严重时，其值为 1，否则为 0。
Post	虚拟变量：在 2012—2016 年间，其值为 1；在 2007—2011 年间，其值为 0。
Lower compensation in 2011	虚拟变量：当企业 2011 年度的独立董事平均薪酬低于行业中位数时，其值为 1，否则为 0。
Lower ROA in 2011	虚拟变量：当企业 2011 年度的总资产收益率（息税后净利润与年末总资产之比）低于行业中位数时，其值为 1，否则为 0。
Non - SOE in 2011	虚拟变量：当企业 2011 年度的产权属性为民营企业时，取值为 1，否则为 0。

续表

变量名称	变量定义
Elder IDs in 2011	虚拟变量：当企业 2011 年度的独立董事平均年龄高于行业中位数时，其值为 1，否则为 0。
Female IDs in 2011	虚拟变量：当企业 2011 年度的独立董事中女性的比例高于行业中位数时，其值为 1，否则为 0。
ROA	企业总资产收益率：息税后净利润与年末总资产之比。
Lev	财务杠杆：年末总负债与年末总资产之比。
Ln（Asset）	企业规模：企业年末总资产的自然对数。
Ln（FirmAge + 1）	企业上市年龄：企业上市年数加 1 后的自然对数。
ST Firm	虚拟变量：如果企业连续两年发生亏损，其值为 1，否则为 0。
Dual	虚拟变量：如果企业董事长与 CEO 由同一人担任，其值为 1，否则为 0。
Number of affiliated directors	企业关联董事（非独立董事）人数。
One term lag of Ln（AQI）	滞后一年的企业总部所在城市空气质量指数 AQI 的自然对数。空气质量指数来源于中国环保部与地方环保局。
董事层面变量	
Yearly adjusted mean AQI of ID's workplaces	独立董事所兼职公司的城市空气质量指数 AQI 的平均值，并通过样本年度最大值与最小值标准化。例如，（工作地平均 AQI – 样本最小值）／（样本最大值 – 样本最小值）。
Number of ID's jobs	独立董事所兼职公司的数量。
Number of ID's jobs in dirty air	在独立董事所兼职公司中，位于空气质量较差城市的企业数量。
Number of ID's jobs in clean air	在独立董事所兼职公司中，位于空气质量较好城市的企业数量。

续表

变量名称	变量定义
ID's workplaces exposed to higher AQI in 2011	虚拟变量：当 2011 年独立董事兼职企业所处城市的空气质量 AQI 平均值高于样本中位数时，其值为 1，否则为 0。
IDs' home city AQI	独立董事居住地的空气质量指数。

为了检验企业特征以及董事会特征对公众环境风险认知与企业董事会结构之间关系的调节作用，本章构建了如下模型：

$$Number\_IDs \mid Ratio\_IDs = \alpha_0 + \alpha_1 Post + \alpha_2 Post \times Treat + \alpha_3 Post$$
$$\times \Phi + \alpha_4 Post \times Treat \times \Phi + \sum ControlVars + \varepsilon \qquad (3.2)$$

模型 3.2 在模型 3.1 的基础上，加入了三次交互项，以此检验企业与董事会特征对公众环境风险认知与企业董事会结构之间关系的调节作用。具体调节变量包括：表示企业特征的虚拟变量（*Lower compensation in* 2011，*Lower ROA in* 2011，*Non − SOE in* 2011），以及表示董事特征的虚拟变量（*Elder IDs in* 2011，*Female IDs in* 2011）。其中，*Lower compensation in* 2011 是表示企业独立董事薪酬高低的变量，当企业在 2011 年度的独立董事平均薪酬低于行业中位数时，其值为 1，否则为 0；*Lower ROA in* 2011 是反映企业盈利能力高低的虚拟变量，当企业 2011 年度的总资产收益率（息税后净利润与年末总资产之比）低于行业中位数时，其值为 1，否则为 0；*Non − SOE in* 2011 表示企业产权属性，当企业 2011 年度的产权属性为民营企业时，取值为 1，否则为 0；*Elder IDs in* 2011 代表独立董事年龄，当 2011 年企业独立董事的平均年龄高于行业中位数时，其值为 1，否则为 0；*Female IDs in* 2011 是反映独立董事性别的虚拟变量，当独立董事中女性的比例高于同行业其他企业的中位数时，其值为 1，否则为 0。

模型 3.2 中控制变量与基础模型一致，具体变量定义见

表3-1。由于控制了企业固定效应，变量 *Treat* 并没有显示在模型中。与模型3.1相同，本章对模型3.2的回归系数标准误进行了城市层面的聚类调整（Cluster by city），以减弱序列相关性的影响，并对连续变量进行了上下1%的缩尾处理。

3.3.3 描述统计与分析

表3-2对基本模型涉及的变量进行了描述性统计。变量 *Number of IDs* 的平均值为3.264，即平均而言，样本企业中独立董事的规模为3人，同时，标准差为0.733。变量 *Ratio of IDs* 的平均值为37.23，即平均而言，样本中企业独立董事占董事会人数的37.23%，同时，下1/4分位值为33.333，上1/4分位值为42.857，标准差为5.95。由此可见，独立董事人数以及比例在样本间变异程度较高，这为研究董事会结构的影响因素提供了现实基础。此外，*Treat* 的平均值为0.503，中位数为1；*Post* 的平均值为0.611，中位数为1。对于控制变量而言，描述性统计显示：样本企业总资产净利率（*ROA*）的平均值为0.038，标准差为0.061；财务杠杆（*Lev*）的平均值为0.455，标准差为0.238；企业总资产的自然对数［Ln（*Asset*）］的平均值（中位数）为21.897（21.741）；ST公司占总样本的2.4%；董事长与CEO两职合一的样本占总样本的23%。此外，样本企业中关联董事人数（*Number of affiliated directors*）的平均值为5.593，中位数为6。

表3-2　　　　　　　　　主要变量的描述性统计

变量	Mean	StdDev	P25	Median	P75
Number of IDs	3.264	0.733	3.000	3.000	4.000
Ratio of IDs	37.230	5.950	33.333	33.333	42.857
Treat	0.503	0.500	0.000	1.000	1.000
Post	0.611	0.484	0.000	1.000	1.000

续表

变量	Mean	StdDev	P25	Median	P75
ROA	0.038	0.061	0.014	0.037	0.066
Lev	0.455	0.238	0.269	0.446	0.622
Ln（Asset）	21.897	1.339	20.945	21.741	22.665
Ln（FirmAge+1）	2.048	0.891	1.609	2.303	2.773
ST Firm	0.024	0.153	0.000	0.000	0.000
Dual	0.230	0.421	0.000	0.000	0.000
Number of affiliated directors	5.593	1.372	5.000	6.000	6.000
One term lag of Ln（AQI）	4.375	0.335	4.155	4.340	4.554

3.4　实证检验与结果分析

3.4.1　环境风险认知与区域独立董事供给

表 3-3 的多元回归结果展示了公众对 PM2.5 污染风险的认知对区域内独立董事供给（企业独立董事人数与比例）的影响作用。在第（1）—（3）栏中，被解释变量为企业独立董事人数（Number of IDs）。其中，第（1）栏没有控制变量以及企业固定效应，第（2）栏增加了企业固定效应，而第（3）栏同时增加了控制变量与企业固定效应。由结果可知，不管是否增加控制变量或固定效应，核心变量 Treat 与 Post 的交互项系数始终为负，且在 1% 水平上显著。以第（3）栏为例，Treat 与 Post 的交互项系数为 -0.084，说明相对于对照组（空气质量较好地区），实验组（空气质量较差地区）中企业在受到公众环境风险认知冲击后，其独立董事人数显著下降了。

表 3 - 3　　　　　　　公众环境风险认知与区域独立董事供给

	（1）	（2）	（3）	（4）	（5）	（6）
	Number of IDs			*Ratio of IDs*		
Treat	0. 022			− 0. 340		
	(0. 78)			(− 1. 57)		
Post	0. 096 ***	0. 124 ***	0. 116 ***	2. 882 ***	2. 866 ***	0. 899 ***
	(3. 71)	(4. 71)	(2. 96)	(13. 52)	(13. 04)	(3. 22)
Treat × Post	**− 0. 065 *****	**− 0. 070 *****	**− 0. 084 *****	**− 0. 549 *****	**− 0. 554 *****	**− 0. 571 *****
	(− 2. 88)	**(− 3. 08)**	**(− 3. 69)**	**(− 2. 89)**	**(− 2. 86)**	**(− 3. 44)**
ROA			− 0. 099			− 1. 036
			(− 0. 85)			(− 1. 24)
Lev			− 0. 057			− 0. 439
			(− 1. 11)			(− 1. 17)
Ln （*Asset*）			0. 059 ***			0. 352 ***
			(4. 14)			(3. 50)
Ln （*FirmAge* + 1）			− 0. 007			− 0. 001
			(− 0. 38)			(− 0. 01)
ST Firm			− 0. 009			− 0. 230
			(− 0. 24)			(− 0. 97)
Dual			− 0. 064 ***			− 0. 361 **
			(− 3. 29)			(− 2. 57)
Number of affiliated directors			0. 126 ***			− 3. 453 ***
			(11. 01)			(− 37. 97)
One term lag of Ln （*AQI*）			− 0. 051			− 0. 334
			(− 1. 39)			(− 1. 30)
Constant	3. 146 ***	3. 173 ***	1. 455 ***	35. 551 ***	35. 375 ***	49. 978 ***
	(123. 16)	(174. 97)	(4. 34)	(179. 97)	(239. 33)	(20. 72)
Firm FE	NO	YES	YES	NO	YES	YES
N	17627	17627	16646	17627	17627	16646
Adj. R^2	0. 015	0. 015	0. 242	0. 040	0. 041	0. 360

　　注：*** 、** 、* 分别表示估计系数在 0. 01、0. 05、0. 1 水平上显著，标准差经过城市 cluster 调整。

在第（4）—（6）栏中，被解释变量为企业独立董事比例（*Ratio of IDs*）。其中，第（4）栏没有控制变量以及企业固定效应，第（5）栏增加了企业固定效应，而第（6）栏同时增加了控制变量与企业固定效应。可以发现，不管是否增加控制变量以及固定效应，核心变量 *Treat* 与 *Post* 的交互项系数始终为负，且在 1%水平上显著。以第（6）栏为例，*Treat* 与 *Post* 的交互项系数为－0.571，说明相对于对照组（空气质量较好地区），实验组（空气质量较差地区）中企业在受到公众环境风险认知冲击后，企业中独立董事比例显著下降了。

综合表 3-3 结果，可以发现，在公众对 PM2.5 环境风险认知后，空气质量较差地区对独立董事的吸引力下降了，或者说环境风险认知弱化了空气质量较差地区的独立董事供给，说明相对于对照组，实验组中独立董事人数以及独立董事比例的显著降低。

表 3-3 的结果表明，公众环境风险认知可以降低区域独立董事供给，进而影响该区域企业的独立董事人数与比例。为了更深入地分析其影响机理，本章进一步考察此效应具体作用于哪些特征的独立董事。本章的基本逻辑是，公众认知到空气污染的风险和危害后，会减少到高污染地区工作或生活的可能性，即污染认知弱化了高污染地区对人才的吸引力。具体到区域环境与独立董事的关系上，本章认为，当独立董事普遍认知到空气污染的危害后，会倾向于避免到高污染地区工作或生活，从而削弱了当地独立董事的人才基础，表现为企业所在区域内的独立董事供给量的显著下降。依据此逻辑，可以推断，相对于外地独立董事而言，空气污染认知对独立董事规模及占比的负向影响在独立董事属于本地的样本组中更为明显。除此之外，若外地独立董事来源地的空气质量更好，主效应的负向关系得以存在；相反，若独立董事来自空气质量更差的地区，其规模和比例则可能呈现上升趋势，体现为对本地区独立董事整体流失趋势的弥补效应。

表 3 – 4 报告了上述假设的实证结果。第（1）—（4）栏中，被解释变量依次为企业中当地独立董事人数、非当地独立董事人数、来自更好空气质量城市的独立董事人数，以及来自更差空气质量城市的独立董事人数。由第（1）栏结果可以发现，*Treat* 与 *Post* 的交互项系数在 5% 水平上显著为负。这表明，在公众认识到空气污染后，相对于污染程度较低的城市，高污染城市中企业的当地独立董事人数显著减少。由第（2）栏结果可知，*Treat* 与 *Post* 的交互项系数并不显著，即公众空气污染认知并不会影响外地独立董事人数。由第（3）栏结果可以发现，*Treat* 与 *Post* 的交互项系数为负，且在 1% 水平上显著。这表明，在公众认知空气污染后，相对于对照组，实验组的企业中来自更好空气质量城市的独立董事数量显著减少了。同时，由第（4）栏结果可以发现，*Treat* 与 *Post* 的交互项系数为正，在 1% 水平上显著。这表明，在公众空气污染认知后，相对于对照组，实验组的企业中来自更差空气质量城市的独立董事数量显著增加了。进一步发现，第（3）栏与第（4）栏中 *Treat* 与 *Post* 的交互项系数的绝对值基本相等，说明企业会通过引入空气质量更差地区的独立董事来弥补公众污染认知带来的本地区内独立董事规模的流失。

表 3 – 4　　　　　公众环境风险认知影响了哪些独立董事？

（基于独立董事人数的分析）

	(1)	(2)	(3)	(4)
	Number of			
	Local IDs	Non – local IDs	Better Air IDs	Worse Air IDs
Post	– 0.102 *	0.218 ***	0.100 **	0.117 **
	(– 1.72)	(3.52)	(2.14)	(1.98)
Treat × Post	**– 0.089 ****	**0.004**	**– 0.120 ****	**0.124 *****
	(– 2.47)	**(0.11)**	**(– 3.94)**	**(3.51)**

续表

	（1）	（2）	（3）	（4）
	Number of			
	Local IDs	Non – local IDs	Better Air IDs	Worse Air IDs
ROA	− 0. 322 **	0. 223	0. 146	0. 077
	（− 2. 00）	（1. 29）	（0. 90）	（0. 45）
Lev	0. 045	− 0. 102	0. 007	− 0. 109
	（0. 49）	（− 1. 10）	（0. 09）	（− 1. 18）
Ln （Asset）	− 0. 006	0. 066 **	0. 008	0. 058 **
	（− 0. 23）	（2. 41）	（0. 38）	（2. 42）
Ln （FirmAge + 1）	0. 137 ***	− 0. 144 ***	0. 003	− 0. 147 ***
	（4. 70）	（− 4. 86）	（0. 11）	（− 5. 03）
ST Firm	− 0. 032	0. 024	− 0. 080 *	0. 104 *
	（− 0. 76）	（0. 48）	（− 1. 65）	（1. 96）
Dual	− 0. 017	− 0. 048	− 0. 002	− 0. 046
	（− 0. 53）	（− 1. 44）	（− 0. 06）	（− 1. 51）
Number of affiliated directors	0. 068 ***	0. 059 ***	0. 016	0. 042 ***
	（4. 68）	（3. 97）	（1. 48）	（3. 32）
One term lag of Ln （AQI）	− 0. 028	− 0. 023	0. 436 ***	− 0. 459 ***
	（− 0. 59）	（− 0. 46）	（7. 97）	（− 8. 28）
Constant	1. 331 **	0. 124	− 1. 757 ***	1. 881 ***
	（2. 12）	（0. 20）	（− 3. 59）	（3. 33）
Firm FE	YES	YES	YES	YES
N	16646	16646	16646	16646
Adj. R^2	0. 016	0. 017	0. 271	0. 241

注：*** 、 ** 、 * 分别表示估计系数在 0. 01、0. 05、0. 1 水平上显著，标准差经过城市 cluster 调整。

接下来，本章将被解释变量替换为独立董事的比例数值，回归结果如表 3 - 5 所示。第（1）—（4）栏中，被解释变量依次为企业中当地独立董事比例、非当地独立董事比例、来自更好空气质量城市的独立董事比例，以及来自更差空气质量城市的独立董事比例。由第（1）栏结果可以发现，Treat 与 Post 的交互项系数为负，且在 5% 水平上显著。这表明，在公众认知空气污染后，污染较多的城市中企业的当地独立董事的比例显著减少。由第（2）栏结果可知，Treat 与 Post 的交互项系数并不显著，即公众空气污染认知并不会显著影响外地独立董数的比例。由第（3）栏结果可以发现，Treat 与 Post 的交互项系数为负，且在 1% 水平上显著。这表明，在公众认知空气污染后，相对于对照组，实验组的企业中来自更好空气质量城市的独立董事比例显著减少了。同时，由第（4）栏结果可以发现，Treat 与 Post 的交互项系数为正，且在 1% 水平上显著。这表明，在公众空气污染认知后，相对于对照组，实验组的企业中来自更差空气质量城市的独立董事的比例显著增加了。

表 3 – 5　　　　　　公众环境风险认知影响了哪些独立董事？

（基于独立董事比例的分析）

	（1）	（2）	（3）	（4）
	Ratio of			
	Local IDs	Non – local IDs	Better Air IDs	Worse Air IDs
Post	– 1.490**	2.389***	1.051*	1.338**
	（– 2.26）	（3.56）	（1.88）	（2.04）
Treat × Post	**– 0.816****	**0.245**	**– 1.178*****	**1.423****
	（– 2.03）	**（0.60）**	**（– 3.37）**	**（3.56）**
ROA	– 3.089*	2.053	1.446	0.607
	（– 1.65）	（1.04）	（0.74）	（0.32）
Lev	0.739	– 1.178	0.450	– 1.628
	（0.68）	（– 1.09）	（0.44）	（– 1.49）

续表

	(1)	(2)	(3)	(4)
	Ratio of			
	Local IDs	Non – local IDs	Better Air IDs	Worse Air IDs
Ln（Asset）	−0.183	0.535*	−0.036	0.571**
	（−0.58）	（1.69）	（−0.14）	（2.03）
Ln（FirmAge + 1）	1.714***	−1.715***	−0.086	−1.629***
	（5.12）	（−5.13）	（−0.30）	（−4.91）
ST Firm	−0.445	0.215	−1.084*	1.299**
	（−0.89）	（0.40）	（−1.90）	（2.15）
Dual	0.053	−0.414	0.206	−0.620*
	（0.14）	（−1.11）	（0.64）	（−1.78）
Number of affiliated directors	−1.695***	−1.758***	−0.726***	−1.032***
	（−10.55）	（−10.70）	（−5.65）	（−7.29）
One term lag of Ln（AQI）	−0.337	0.003	5.036***	−5.034***
	（−0.63）	（0.00）	（7.96）	（−8.07）
Constant	31.318***	18.660**	−12.390**	31.050***
	（4.24）	（2.53）	（−2.04）	（4.72）
Firm FE	YES	YES	YES	YES
N	16646	16646	16646	16646
Adj. R^2	0.042	0.044	0.265	0.247

注：***、**、*分别表示估计系数在 0.01、0.05、0.1 水平上显著，标准差经过城市 cluster 调整。

综合表 3 - 4 与表 3 - 5 的结果，可以发现，当公众认知到空气污染的危害后，独立董事会倾向于减少到高污染地区工作或生活，从而体现为实验组企业董事会中当地独立董事以及来自环境更好地区的独立董事人数以及比例的显著下降；相反，企业董事会中来自环境较差地区的独立董事人数与比例则显著上升了。

平行性假定是双重差分模型估计有效性的重要前提条件。根据平行假设规定，在事件冲击发生之前，实验组与对照组中被解释变量的变化趋势应相似，呈现平行状态。具体到本章而言，平行性假定要求，在公众认知环境风险之前，空气质量较好的对照组与空气质量较差的实验组企业中，独立董事人数与比例的年度变化呈现相似趋势。参照 Kacperczyk（2010）的研究方法，本章构建如下模型对平行性假定进行检验。

$$Number\_IDs \mid Ratio\_IDs = \alpha_0 + \alpha_1 Treat \times Year2008 + \alpha_2 Treat \times Year2009 + \alpha_3 Treat \times Year2010 + \alpha_4 Treat \times Year2011 + \alpha_5 Treat \times Year2012 + \alpha_6 Treat \times Year2013 + \alpha_7 Treat \times Year2014 + \alpha_8 Treat \times Year2015 + \alpha_9 Treat \times Year2016 + \sum YearDummy + \sum ControlVars + \varepsilon$$

$$(3.3)$$

被解释变量为企业独立董事的人数（*Number of IDs*）或独立董事在董事会中所占比例（*Ratio of IDs*）。解释变量为连续九个年度虚拟变量：*Year2008*、*Year2009*、*Year2010*、*Year2011*、*Year2012*、*Year2013*、*Year2014*、*Year2015*、*Year2016*，以及它们与 *Treat* 变量之间的交互项。

其中，上述年份虚拟变量与 *Treat* 交互项的系数是平行性检验关心的重点。根据研究假设，*Year2008*、*Year2009*、*Year2010*、*Year2011* 与 *Treat* 的交互项应不显著，而 *Year2012*、*Year2013*、*Year2014*、*Year2015*、*Year2016* 与 *Treat* 的交互项应至少存在显著性。表 3 - 6 展示了平行性假定检验的结果，*Year2008*—*Year2011* 与 *Treat* 乘积项的回归系数均不显著，说明在公众认知环境风险之前的年份，实验组与对照组中独立董事人数与比例呈现相似的变动趋势；而 *Year2012*—*Year2016* 与 *Treat* 乘积项的回归系数显著为负，说明公众认识到污染的危害后，高污染地区对独立董事的吸引力开始显著下降。上述结果通过了平行性假设检验。

表 3 – 6　　　　　　　　　　平行性假定检验

	（1）	（2）	（3）	（4）
	Number of IDs		Ratio of IDs	
Treat × 2008_Year	– 0. 032	– 0. 031	– 0. 293	– 0. 350
	（ – 0. 81）	（ – 0. 75）	（ – 0. 90）	（ – 1. 17）
Treat × 2009_Year	0. 008	0. 019	0. 035	0. 089
	（0. 18）	（0. 44）	（0. 10）	（0. 27）
Treat × 2010_Year	– 0. 021	– 0. 012	– 0. 041	– 0. 163
	（ – 0. 50）	（ – 0. 27）	（ – 0. 11）	（ – 0. 50）
Treat × 2011_Year	– 0. 027	– 0. 009	– 0. 047	– 0. 153
	（ – 0. 66）	（ – 0. 20）	（ – 0. 13）	（ – 0. 49）
Treat × 2012_Year	– 0. 053	– 0. 061	– 0. 576	– 0. 571 *
	（ – 1. 21）	（ – 1. 35）	（ – 1. 59）	（ – 1. 77）
Treat × 2013_Year	– 0. 086 *	– 0. 093 **	– 0. 563	– 0. 692 **
	（ – 1. 87）	（ – 2. 00）	（ – 1. 51）	（ – 2. 10）
Treat × 2014_Year	– 0. 089 *	– 0. 096 **	– 0. 594	– 0. 741 **
	（ – 1. 89）	（ – 2. 00）	（ – 1. 56）	（ – 2. 16）
Treat × 2015_Year	– 0. 098 **	– 0. 101 **	– 0. 676 *	– 0. 722 **
	（ – 2. 03）	（ – 2. 07）	（ – 1. 72）	（ – 2. 06）
Treat × 2016_Year	– 0. 105 **	– 0. 105 **	– 0. 673 *	– 0. 728 **
	（ – 2. 22）	（ – 2. 20）	（ – 1. 72）	（ – 2. 11）
Controls	YES	YES	YES	YES
Time FE	YES	YES	YES	YES
Firm FE	YES	YES	YES	YES
N	17627	16646	17627	16646
Adj. R^2	0. 015	0. 242	0. 041	0. 360

注：*** 、** 、* 分别表示估计系数在 0. 01、0. 05、0. 1 水平上显著，标准差经过城市 cluster 调整。

3.4.2　企业与董事特征的调节作用

在上述基础上，进一步从企业特征与董事个体特征的角度，来探讨多个因素对公众 PM2.5 污染认知与企业董事会结构之间关系的调节作用。针对企业特征，本章选取以下三个变量，即独立董事的薪酬水平、企业盈利水平以及企业产权性质。前文理论分析与研究假设指出，当企业薪酬水平较低、企业盈利能力较低、以及企业为民营企业时，企业更容易受到区域劳动力市场变动的影响。具体而言，在公众认知环境风险后，相对于对照组，上述特征的实验组企业中独立董事人数以及比例的降低效应更为明显。

表 3-7 展示了企业特征对公众 PM2.5 污染认知与企业董事会结构之间关系的调节作用的回归结果。其中，第（1）—（3）栏中被解释变量为独立董事人数，第（4）—（6）栏中被解释变量为独立董事比例。可以发现，不管被解释变量为独立董事人数还是独立董事比例，回归结果中三次交互项的系数均为负数，且在 5% 水平上显著。这表明，在 2011 年，即公众对 PM2.5 环境危害认知发生时，如果企业支付给独立董事的薪酬较低、盈利能力较差，或者产权属性为民营企业，企业会对区域独立董事供给下降更加敏感，其独立董事规模及比例会更加显著地下降。

表 3-7　　企业特征的调节作用

	(1)	(2)	(3)	(4)	(5)	(6)
	Number of IDs			*Ratio of IDs*		
Post	0.104 **	0.093 **	0.105 **	0.764 **	0.654 *	0.798 ***
	(2.20)	(1.98)	(2.42)	(2.28)	(1.88)	(2.60)
Treat × Post	−0.021	−0.029	−0.035	−0.090	−0.184	−0.243
	(−0.56)	(−0.88)	(−1.04)	(−0.34)	(−0.75)	(−1.03)
Post × Lower compensation in 2011	0.035			0.313		
	(0.97)			(1.20)		

续表

	(1)	(2)	(3)	(4)	(5)	(6)
	Number of IDs			Ratio of IDs		
Treat × Post × Lower compensation in 2011	− 0. 105 ** (− 2. 18)			− 0. 833 ** (− 2. 38)		
Post × Lower ROA in 2011		0. 068 * (1. 91)			0. 554 ** (2. 14)	
Treat × Post × Lower ROA in 2011		− 0. 108 ** (− 2. 29)			− 0. 782 ** (− 2. 30)	
Post × Non − SOE in 2011			0. 072 ** (2. 00)			0. 669 ** (2. 53)
Treat × Post × Non − SOE in 2011			− 0. 114 ** (− 2. 43)			− 0. 758 ** (− 2. 21)
ROA	− 0. 169 (− 1. 43)	− 0. 096 (− 0. 80)	− 0. 087 (− 0. 73)	− 1. 629 * (− 1. 89)	− 1. 177 (− 1. 36)	− 1. 056 (− 1. 23)
Lev	− 0. 068 (− 1. 23)	− 0. 044 (− 0. 81)	− 0. 044 (− 0. 80)	− 0. 456 (− 1. 13)	− 0. 331 (− 0. 84)	− 0. 285 (− 0. 72)
Ln （*Asset*）	0. 071 *** (4. 82)	0. 067 *** (4. 55)	0. 066 *** (4. 51)	0. 450 *** (4. 44)	0. 423 *** (4. 16)	0. 405 *** (3. 99)
Ln(*FirmAge* + 1)	− 0. 033 (− 1. 41)	− 0. 026 (− 1. 12)	− 0. 034 (− 1. 40)	− 0. 177 (− 1. 05)	− 0. 083 (− 0. 49)	− 0. 211 (− 1. 21)
ST Firm	− 0. 009 (− 0. 23)	− 0. 002 (− 0. 05)	0. 001 (0. 02)	− 0. 327 (− 1. 30)	− 0. 236 (− 0. 97)	− 0. 210 (− 0. 86)
Dual	− 0. 063 *** (− 2. 86)	− 0. 066 *** (− 3. 11)	− 0. 067 *** (− 3. 13)	− 0. 381 ** (− 2. 43)	− 0. 383 ** (− 2. 49)	− 0. 386 ** (− 2. 51)
Number of affiliated directors	0. 124 *** (9. 78)	0. 126 *** (10. 31)	0. 127 *** (10. 34)	− 3. 453 *** (− 34. 13)	− 3. 431 *** (− 35. 30)	− 3. 428 *** (− 35. 20)
One term lag of Ln （*AQI*）	− 0. 059 (− 1. 35)	− 0. 058 (− 1. 37)	− 0. 057 (− 1. 34)	− 0. 373 (− 1. 23)	− 0. 351 (− 1. 19)	− 0. 352 (− 1. 19)

续表

	(1)	(2)	(3)	(4)	(5)	(6)
	Number of IDs			*Ratio of IDs*		
Constant	1.317 ***	1.347 ***	1.369 ***	48.443 ***	48.560 ***	49.090 ***
	(3.67)	(3.77)	(3.81)	(19.01)	(19.18)	(19.28)
Firm FE	YES	YES	YES	YES	YES	YES
N	16646	16646	16646	16646	16646	16646
Adj. R^2	0.251	0.255	0.254	0.359	0.360	0.360

注：***、**、*分别表示估计系数在0.01、0.05、0.1水平上显著，标准差经过城市 cluster 调整。

同时，本章从独立董事个体特征角度来探讨公众 PM2.5 污染认知与企业董事会结构之间关系的调节因素。以独立董事年龄与独立董事性别来反映独立董事个体层面的特征。依据理论分析与研究假设，当企业中独立董事的平均年龄较大，以及女性独立董事较多时，企业更容易受到环境风险造成的区域吸引力下降的影响。这是由于，年龄较大的独立董事或者女性独立董事对环境风险更加敏感，在认知 PM2.5 的危害之后，更倾向于选择空气质量较好的城市作为工作地。具体而言，在公众环境风险认知后，相对于对照组，上述特征的试验组企业中独立董事人数以及比例会下降的更为明显。

表 3-8 是独立董事个人特征对公众 PM2.5 污染认知与企业董事会结构之间关系的调节作用的回归结果。其中，第（1）（2）栏中被解释变量为独立董事人数；第（3）（4）栏中被解释变量为独立董事比例。可以发现，不管被解释变量为独立董事人数还是独立董事比例，回归结果中三次交互项的系数均为负数，且在 5% 水平上显著。这表明，在公众认知 PM2.5 的环境危害之后，如果企业的独立董事年龄较大或者女性独立董比例较高，企业中独立董事人数以及在董事会中的比例会更加显著地下降。

表 3 - 8 董事特征的调节作用

	(1)	(2)	(3)	(4)
	Number of IDs		Ratio of IDs	
Post	0. 105 ***	0. 110 ***	1. 109 ***	1. 018 ***
	(3. 69)	(3. 81)	(3. 67)	(3. 50)
Treat × Post	- 0. 037	- 0. 039	- 0. 150	- 0. 189
	(- 0. 61)	(- 0. 46)	(- 0. 55)	(- 0. 04)
Post × Elder IDs	0. 037		0. 369	
	(1. 04)		(1. 40)	
Treat × Post × Elder IDs in 2011	**- 0. 155 ****		**- 0. 988 ****	
	(- 2. 13)		**(- 2. 09)**	
Post × Female IDs in 2011		0. 037		0. 178
		(1. 06)		(0. 71)
Treat × Post × Female IDs in 2011		**- 0. 145 ****		**- 0. 876 ****
		(- 2. 07)		**(- 1. 98)**
ROA	- 0. 089	- 0. 087	- 1. 132	- 1. 121
	(- 0. 76)	(- 0. 75)	(- 1. 33)	(- 1. 32)
Lev	- 0. 036	- 0. 036	- 0. 305	- 0. 304
	(- 0. 69)	(- 0. 69)	(- 0. 80)	(- 0. 79)
Ln (Asset)	0. 061 ***	0. 061 ***	0. 386 ***	0. 387 ***
	(4. 43)	(4. 43)	(4. 15)	(4. 16)
Ln (FirmAge + 1)	- 0. 029	- 0. 030	- 0. 080	- 0. 085
	(- 1. 53)	(- 1. 58)	(- 0. 58)	(- 0. 63)
ST Firm	- 0. 003	- 0. 004	- 0. 230	- 0. 237
	(- 0. 09)	(- 0. 11)	(- 0. 95)	(- 0. 98)
Dual	- 0. 065 ***	- 0. 065 ***	- 0. 366 **	- 0. 369 **
	(- 3. 01)	(- 3. 03)	(- 2. 37)	(- 2. 39)
Number of affiliated directors	0. 128 ***	0. 128 ***	- 3. 425 ***	- 3. 424 ***
	(10. 42)	(10. 44)	(- 35. 24)	(- 35. 30)

续表

	（1）	（2）	（3）	（4）
	\multicolumn{2}{}{*Number of IDs*}		\multicolumn{2}{}{*Ratio of IDs*}	
One term lag of Ln（*AQI*）	− 0. 127 ***	− 0. 126 ***	− 0. 834 ***	− 0. 832 ***
	（− 6. 64）	（− 6. 62）	（− 6. 48）	（− 6. 47）
Constant	1. 821 ***	1. 820 ***	51. 621 ***	51. 589 ***
	（6. 31）	（6. 30）	（25. 62）	（25. 59）
Firm FE	YES	YES	YES	YES
N	16646	16646	16646	16646
Adj. R^2	0. 252	0. 251	0. 371	0. 371

注： ***、 **、 *分别表示估计系数在 0.01、0.05、0.1 水平上显著，标准差经过城市 cluster 调整。

3.4.3 稳健性检验

在稳健性检验中，本章将中国北方城市作为实验组，将南方城市作为对照组。一般而言，秦岭—淮河一线以北为北方，秦岭—淮河一线以南为南方。事实上，中国政府也是使用秦岭—淮河一线作为供暖的地理位置参考线：该线以北城市安装有暖气装备，地方政府会提供供暖服务。由于暖气供应主要依赖煤炭燃烧来加热暖气装备中的水，其无可避免地会产生空气污染物，尤其是构成 PM2.5污染的悬浮颗粒，因此暖气供暖无意之中造成了北方城市的空气污染（Almond et al.，2009）。考虑到北方城市更多地受到悬浮颗粒物的污染，在公众开始认知 PM2.5 及其危害后，生活在秦岭—淮河以北城市的公众有理由相信，在他们呼吸的空气中，更有可能存在大量有害的 PM2.5 污染物。综上，本章使用秦岭—淮河以北城市作为实验组，其他城市作为对照组，进行基本模型的稳健型检验。然而，以中国南北来区分实验组与对照组并不精确，因为尽管有些城市位于北方，但得益于海洋气流或者特殊地理位置优势，其依然具有较好的空气质量，例如，样本中的青岛、秦皇岛等沿海城市。因此，本章并没有将这种依据中国南北来区分试验组与对照组的研究方法作为主体检验，而只作为稳健性检验。

表 3-9 展示了使用秦岭—淮河一线区分实验组与对照组的稳健性检验结果。在第（1）—（3）栏中，被解释变量为企业独立董事人数（*Number of IDs*），其中第（1）栏不含控制变量以及企业固定效应，第（2）栏增加了企业固定效应影响因素，而第（3）栏同时增加了控制变量与企业固定效应影响因素。可以发现，不管是否增加控制变量或固定效应，核心变量 *Treat* 与 *Post* 的交互项系数始终为负，且在 10% 水平上显著。在第（4）—（6）栏中，被解释变量为企业独立董事比例（*Ratio of IDs*），也得到了相似的结果。这表明，相对于对照组（秦岭—淮河以南地区），实验组（秦岭—淮河以北地区）中企业在受到公众环境风险认知冲击后，其独立董事人数与比例显著下降了，这与本章的基本结论保持一致。

表 3-9　　稳健性检验：使用秦岭—淮河一线区分实验组与对照组

	（1）	（2）	（3）	（4）	（5）	（6）
	Number of IDs			*Ratio of IDs*		
Treat	0.050 *			-0.179		
	(1.92)			(-0.88)		
Post	0.059 ***	0.083 ***	0.086 **	2.610 ***	2.584 ***	0.731 ***
	(2.71)	(3.75)	(2.27)	(14.97)	(14.34)	(2.67)
Treat × Post	**-0.027 ***	**-0.029 ***	**-0.046 ***	**-0.340 ***	**-0.330 ***	**-0.401 ****
	(-1.72)	**(-1.79)**	**(-1.89)**	**(-1.87)**	**(-1.79)**	**(-2.33)**
ROA			-0.109			-1.115
			(-0.95)			(-1.35)
Lev			-0.055			-0.421
			(-1.07)			(-1.13)

续表

	(1)	(2)	(3)	(4)	(5)	(6)
	Number of IDs			Ratio of IDs		
Ln（Asset）			0.060 ***			0.357 ***
			(4.15)			(3.54)
Ln（FirmAge + 1）			-0.009			-0.014
			(-0.47)			(-0.11)
ST Firm			-0.008			-0.212
			(-0.24)			(-0.90)
Dual			-0.063 ***			-0.361 ***
			(-3.26)			(-2.59)
Number of affiliated directors			0.124 ***			-3.471 ***
			(10.79)			(-38.13)
One term lag of Ln（AQI）			-0.064 *			-0.416
			(-1.74)			(-1.64)
Constant	3.146 ***	3.174 ***	1.512 ***	35.486 ***	35.407 ***	50.345 ***
	(153.14)	(197.94)	(4.51)	(224.11)	(268.27)	(20.91)
Firm FE	NO	YES	YES	NO	YES	YES
N	22136	22136	17297	22136	22136	17297
Adj. R^2	0.012	0.012	0.237	0.039	0.039	0.360

注：***、**、* 分别表示估计系数在 0.01、0.05、0.1 水平上显著，标准差经过城市 cluster 调整。

考虑到公众对环境风险的认知发生在 2011 年末，本章在基本模型中将 2011 年作为事件发生之前时间来设定双重差分模型中的 *Post* 变量，因此，在稳健性检验中剔除 2011 年样本，重新进行回归检验，见表 3 - 10。

表 3 - 10 展示了剔除事件发生当年样本后的稳健性检验结果。在第（1）—（3）栏中，被解释变量为企业独立董事人数（*Number of IDs*），在第（4）—（6）栏中，被解释变量为企业独立董事

表 3 - 10　　　　　　　稳健性检验：剔除事件发生当年样本

	(1)	(2)	(3)	(4)	(5)	(6)
	Number of IDs			Ratio of IDs		
Treat	0.023			-0.374		
	(0.78)			(-1.61)		
Post	0.119***	0.138***	0.175***	2.022***	1.992***	1.260***
	(6.28)	(7.11)	(7.86)	(12.84)	(12.28)	(7.80)
Treat × Post	-0.066**	-0.073***	-0.084***	-0.515**	-0.530**	-0.580***
	(-2.53)	(-2.75)	(-3.15)	(-2.34)	(-2.35)	(-2.96)
ROA			-0.079			-0.999
			(-0.65)			(-1.14)
Lev			-0.046			-0.373
			(-0.87)			(-0.97)
Ln (Asset)			0.047***			0.272***
			(3.47)			(2.91)
Ln(FirmAge+1)			-0.035**			-0.160
			(-2.13)			(-1.36)
ST Firm			-0.020			-0.315
			(-0.54)			(-1.22)
Dual			-0.059***			-0.346**
			(-2.89)			(-2.35)
Number of affiliated directors			0.130***			-3.417***
			(11.07)			(-36.61)
One term lag of Ln (AQI)			-0.104***			-0.687***
			(-6.02)			(-5.90)
Constant	3.161***	3.194***	1.981***	36.273***	36.061***	53.350***
	(147.88)	(359.47)	(6.99)	(220.81)	(479.73)	(26.74)
Firm FE	NO	YES	YES	NO	YES	YES
N	15825	15825	15051	15825	15825	15051
Adj. R^2	0.010	0.010	0.051	0.037	0.037	0.353

注：***、**、*分别表示估计系数在 0.01、0.05、0.1 水平上显著，标准差经过城市 cluster 调整。

比例（*Ratio of IDs*）。结果表明，不管被解释变量为独立董事人数还是比例，核心变量 *Treat* 与 *Post* 的交互项系数始终为负，且在 5% 水平上显著。这意味着，在受到公众环境风险认知的冲击后，相对于对照组，实验组中企业的独立董事人数与比例会发生显著的下降，这与本章的基本结论保持一致。

安慰剂检验（Placebo Test）是双重差分模型设计常用的稳健性检验，通过多次随机选取实验组与对照组构造新的回归模型，得到关键解释变量系数的分布，用以分析实证结果所呈现的规律是否出于偶然。

根据本章的具体情况，首先在样本城市中随机选择 47 个城市（即与实验组中包含的城市数量相等）作为安慰剂检验中的实验组，并将其余城市作为控制组。此后，基于新生成的实验组与控制组对本章表 3 - 3 中第（3）栏与第（6）栏模型进行回归，得到核心变量 *Treat* 与 *Post* 的交互项系数。最后，将上述步骤重复 5000 次，得到 *Treat* 与 *Post* 的交互项系数的分布。

图 3 - 1 显示了上述检验的系数分布结果。下图展示了被解释变量为独立董事人数时，*Treat* 与 *Post* 的交互项系数的分布。可以看到，其均值为 0，标准差为 0.025，最大值为 0.092，最小值为 - 0.084。由表 3 - 3 中第（3）栏可知，真实的 *Treat* 与 *Post* 交互项系数为 - 0.084，即 5000 次安慰剂回归得到的交互项系数均不低于真实的系数。图 3 - 2 显示了当被解释变量为独立董事比例时，*Treat* 与 *Post* 的交互项系数的分布结果。其均值为 0，标准差为 0.181，最大值为 0.643，最小值为 - 0.611。由表 3 - 3 中第（6）栏可知，真实的 *Treat* 与 *Post* 交互项系数为 - 0.571，经过统计发现，在 5000 次安慰剂回归得到的交互项系数低于真实系数的现象只发生了 3 次。综上，通过安慰剂检验，有理由认为本书所得到的回归结果并非源于偶然。

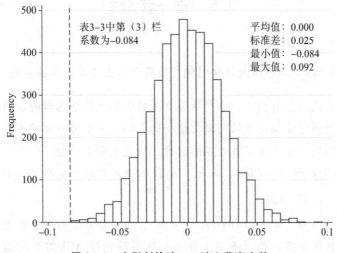

图 3 – 1　安慰剂检验——独立董事人数

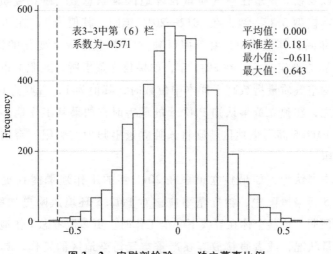

图 3 – 2　安慰剂检验——独立董事比例

3.5　进一步分析

3.5.1　环境风险认知对独立董事个体工作地选择的影响

在进一步分析中，本章从独立董事个体工作地选择的层面探讨了环境风险认知对区域劳动力市场的影响。为了分析环境风险认知如何影响董事个体工作地点的选择，构建了如下模型：

$$IDsWorkplaceChoice = \alpha_0 + \alpha_1 Treat + \alpha_2 Post + \alpha_3 Treat \times Post +$$
$$\sum ControlVars + \varepsilon \tag{3.4}$$

被解释变量为 $IDsWorkplaceChoice$，表示独立董事对工作地的选择，具体包括：独立董事工作地空气质量指数 AQI 的平均值、独立董事兼职工作总数、独立董事在空气质量较差地区兼职工作总数，以及独立董事在空气质量较好地区兼职总数。解释变量 $Post$ 与基本模型 3.1 一致，在 2012—2016 年间，其值为 1，在 2007—2011 年间，其值为 0。由于探讨独立董事个体行为变化的需要，$Treat$ 被重新定义为：在 2011 年，如果独立董事所有兼职上市公司的平均空气质量指数高于样本中位数时，其值为 1，否则为 0。换而言之，在独立董事认知 PM2.5 的危害时，如果其工作地多为潜在的 PM2.5 高污染地区，则将该独立董事归为实验组，否则归为对照组。

本书认为，如果独立董事在 2011 年的工作地暴露在更高的 PM2.5 污染风险中，独立董事应该对 PM2.5 环境风险更加敏感。可以预期，这些个体在寻找下一个工作时会更多地考虑工作地的空气质量状况，或者直接放弃在严重空气污染地区的工作。具体而言，在公众环境风险认知之后，相对于对照组，实验组中的个体会倾向于寻找位于空气质量更好地区的工作，这造成独立董事个体的工作地的平均 AQI 下降（即工作地的空气质量提升），同时，还应该观察到，试验组中独立董事个体在空气污染地区的兼职数量下降，而在空气良好地区的兼职数量上升。

表 3 - 11 展示了环境风险认知对独立董事个体对工作地选择的影响的回归结果。第（1）（2）栏中被解释变量为独立董事工作地的平均 AQI，由回归结果可知，不管是否控制独立董事居住地的空气质量，*Post* 与 *Treat* 交互项系数均为负数，且在 1% 水平上显著。这表明，独立董事在认知到 PM2.5 的危害后，在选择工作地时有意识地降低自己暴露在雾霾中的风险。那么，独立董事是通过什么方式降低自己暴露在雾霾中的风险的呢？是通过减少了总的兼职数量，还是通过以空气质量较好地区的工作来替代空气糟糕地区的工作呢？为了回答这一问题，进行了第（3）栏回归检验，其中被解释变量为独立董事在上市公司中总的兼职数量。结果显示，*Post* 与 *Treat* 交互项系数并不显著，这表明，独立董事总的工作数量并没有显著变化。在第（4）栏回归检验中，被解释变量为独立董事在环境污染较严重地区的上市公司兼职数量。结果显示，*Post* 与 *Treat* 交互项系数为负数，且在 1% 水平上显著，这表明，独立董事减少了在空气污染较为严重地区的兼职数量。在第（5）栏回归检验中，被解释变量为独立董事在空气质量较好地区的上市公司兼职的数量。结果显示，*Post* 与 *Treat* 交互项系数为正数，其系数绝对值与第（4）栏相应结果接近，且在 1% 水平上显著，这表明，独立董事增加了在空气质量较好地区的兼职数量，且其增加数量与在空气污染严重地区减少的兼职数量接近。综上，可以发现，在认识到 PM2.5 污染风险后，独立董事调整了其在上市公司的兼职，在总兼职数量几乎不变的情况下，减少了在空气质量较差地区的兼职数量，而增加了在空气质量较好地区的兼职数量，这些结果从独立董事个体工作地选择的角度，展示了公众环境风险认知对区域人才吸引力方面造成的经济后果。

表 3-11　　　　　　环境风险认知对独立董事个体工作地选择的影响

	(1)	(2)	(3)	(4)	(5)
	Yearly Adjusted Mean AQI of ID's Workplaces		Number of ID's Jobs	Number of ID's Jobs in Dirty Air	Number of ID's Jobs in Clean Air
Post	-0.092***	-0.134***	0.400***	0.418***	-0.017
	(-16.00)	(-23.61)	(11.25)	(14.61)	(-0.50)
Post × Treat	**-0.093*****	**-0.094*****	**0.004**	**-0.291*****	**0.295*****
	(-27.21)	**(-29.14)**	**(0.15)**	**(-15.45)**	**(13.24)**
IDs' home city AQI		0.245***	0.025	1.022***	-0.997***
		(32.36)	(0.71)	(26.94)	(-24.71)
Constant	0.589***	-0.481***	1.172***	-3.921***	5.093***
	(148.99)	(-14.59)	(7.63)	(-23.27)	(28.82)
ID FE	YES	YES	YES	YES	YES
N	25962	25962	25962	25962	25962
Adj. R²	0.652	0.696	0.035	0.104	0.074

注：***、**、*分别表示估计系数在 0.01、0.05、0.1 水平上显著，标准差经过城市 cluster 调整。

3.5.2　环境风险认知对董事会治理与企业价值的影响

董事会是公司治理的核心，参与董事会议是独立董事行使公司治理职能的直接体现。与此同时，董事是否能够有效地发挥治理作用直接影响了企业价值。因此，在考虑公众对空气污染风险认知对企业董事会结构的影响时，有必要进一步考察，公众环境风险认知对董事会治理作用以及企业价值方面的经济后果。为此，构建了如下模型：

$$IDsMeetingParticipationRatio \mid Tobin'sQ = \alpha_0 + \alpha_1 Treat + \alpha_2 Post$$
$$+ \alpha_3 Treat \times Post + \sum ControlVars + \varepsilon \qquad (3.5)$$

被解释变量 *IDsMeetingParticipationRatio* 表示，企业当年独立董

事实际参加的董事会会议数量与当年应该参加的董事会会议数量之比。被解释变量 *Tobin's Q* 表示，企业当年净资产市场价值与债务账面价值之和与年末总资产之比。解释变量 *Post*、*Treat* 与基本模型 3.1 一致。

表 3 - 12 展示了环境风险认知对独立董事会议参与率以及企业市场价值影响的回归结果。第（1）（2）栏中，被解释变量为企业中独立董事的会议参与率 *IDsMeetingParticipationRatio*，由于被解释变量的分布在 0—1 范围内存在截断现象，模型使用了 Tobit 回归。由回归结果可知，不管是否添加控制变量，*Post* 与 *Treat* 交互项系数均为负数，且在 1% 水平上显著。这表明，在独立董事认识到 PM2.5 的危害后，相对于对照组，实验组中独立董事的参会比例将会减少。第（3）（4）栏中，被解释变量为企业的市场价值 *Tobin's Q*。由回归结果可知，不管是否添加控制变量，*Post* 与 *Treat* 交互项系数均显著为负。这表明，相对于对照组，公众环境风险认知会显著降低高污染地区（实验组）企业的市场价值。综上，公众环境风险认知使得独立董事减少了在高污染地区的参会比例，进而对企业市场价值造成了负面影响。

表 3 - 12　　　　环境风险认知、董事会治理与企业价值

	(1)	(2)	(3)	(4)
	IDsMeetingParticipationRatio		*Tobin's Q*	
Treat	0.006**	0.006*		
	(2.17)	(1.74)		
Post	0.111***	0.110***	-0.898***	0.705***
	(22.13)	(20.44)	(-9.75)	(4.66)
Treat × Post	**-0.011*****	**-0.013*****	**-0.150*****	**-0.189*****
	(-2.83)	**(-3.18)**	**(-1.91)**	**(-2.73)**

续表

	（1）	（2）	（3）	（4）
	IDsMeetingParticipationRatio		*Tobin's Q*	
ROA		0.057 ***		3.994 ***
		(2.87)		(6.88)
Lev		−0.005		0.927 ***
		(−0.90)		(3.39)
Ln （*Asset*）		−0.004 ***		−1.254 ***
		(−3.96)		(−15.66)
Ln （*FirmAge* +1）		−0.016 ***		0.075
		(−11.25)		(1.26)
ST Firm		−0.006		0.336 ***
		(−0.85)		(2.75)
Dual		0.008 ***		0.038
		(2.95)		(0.60)
Number of affiliated directors		−0.010 ***		0.007
		(−12.81)		(0.26)
One term lag of Ln （*AQI*）		0.009 *		−0.017
		(1.67)		(−0.17)
Constant	0.960 ***	1.080 ***	3.931 ***	29.820 ***
	(101.75)	(36.26)	(67.53)	(16.93)
Industry FE	YES	YES		
Firm FE			YES	YES
N	17627	16646	17627	16646
Pesudo. R^2 ｜ Adj. R^2	0.399	0.399	0.186	0.321

注：*** 、** 、*分别表示估计系数在0.01、0.05、0.1水平上显著，标准差经过城市 cluster 调整；第（1）（2）栏使用 Tobit 回归模型，其左右截断分别为0与1。

3.6　本章结论与启示

城市的自然环境质量是影响区域人才流动的重要因素，现有文献对该现象的探讨较为缺乏。随着国民收入水平的提升，人们更加重视现在与未来的生活环境，并对环境质量提出更高要求（Chavas，2004）。此外，中国改革开放以来的高速发展，因其粗放式的发展方式，造成了系统性的环境污染问题。在中国产业结构转型升级，发展环境友好型经济的关键时期，探讨自然环境质量对区域劳动力流动的影响十分重要。与此同时，从企业微观经营的视角探讨劳动力市场变动的经济后果，可以提供更为具体且更有实践价值的研究发现。

本章选择公众在 2011 年末对重要空气污染物 PM2.5 的认知为研究背景，构建了双重差分模型。这一研究背景具有独特的优势：首先，区域环境质量在时间序列上比较稳定，且存在惯性，相关研究很难排除内生性而直接观察环境质量变化的经济后果；同时，PM2.5 是造成雾霾的主要物质，自公众认知该污染物后，PM2.5 污染物的变化成为了社会舆论的探讨热点，对社会舆论具有很强的冲击作用；此外，通过空气质量数据的分析可知，在公众对 PM2.5 的认知转变前后，空气质量并没有发生明显变化，这为研究因果关系提供了不受干扰的背景。

考虑到企业中独立董事具有很强的空间流动性，且因其社会背景而对空气污染问题较为敏感，本章手工收集了 2007—2016 年中国沪深 A 股上市公司中独立董事生活与工作的地理位置，以及其他企业财务与城市特征数据，通过探讨独立董事工作地的选择，来分析公众空气污染认知如何影响高污染区域的人才吸引力。本章主要研究发现：首先，公众对环境污染风险的认知，降低了高污染地区独立董事的供给。具体表现为，相对于低污染地区，高污染地区的企业董事会中独立董事数量以及比例呈现显著下降，且离开企业的独立董事主要来自空气质量较好的地区。其次，企业与董事个体特征起到了重要的调节作用，在企业特征方面，当企业支付给独立董事的薪酬较低、企业盈利能力较差以及企业为民营企业时，环境风险认知对区域独立董事供给的影响更为显著。在董事个体特征方面，当独立董事年纪较大以及独立董事为女性时，环境风险认知对区域独立董事供给的影响更为显著。再次，针对独立董事个体行为的进一步研究发现，环境风险认知会影响独立董事个体的工作地点选择，受到影响的独立董事会减少在高空气污染地区的工作，并增加在空气质量较好地区的工作数量。最后，针对企业治理与市场价值的进一步研究发现，公众环境风险认知使得独立董事减少了在高污染地区的参会比例，进而对企业市场价值造成了负面影响。

本章系统地检验了公众对空气污染的认知如何影响微观企业的董事会结构，以及企业特征与董事个体特征对上述关系的调节作用，这有助于从微观企业的视角理解自然环境风险对区域劳动吸引力的影响，是当前中国经济转型升级与环境污染的宏观背景下新的研究方向。本章的研究具有重要的理论价值和实践意义。首先，区域自然环境的恶化会弱化该区域的人才吸引力，而人才是经济发展的重要条件，在产业结构转型期间更是如此，因此，地方政府应该注重环境保护，加大环境保护投资，这样可以规避人才流失所造成的长期负面经济影响。其次，在高污染地区的地方政府与企业，可以出台更友好的人才待遇政策，以此来增加该区域或该企业的人才吸引力。最后，公众环境风险认知降低了企业独立董事人数、比例以及董事会参与率，直接弱化了独立董事的治理作用，进而会损害企业市场价值，因此，企业需要提前储备独立董事人才以此应对可能的人才短缺，并完善企业治理体系，以减少董事会结构变动可能造成的负面影响。

公众环境风险认知、人才吸引与
高管薪酬安排

4.1　引言

激励机制的设计，是当代经济学与管理学研究的重点（Laffont 和 Martimort，2002），而针对高级管理者的薪酬安排则是企业激励机制的核心。合理的薪酬体系可以激励高管恪尽职守，减少机会主义行为，并将高管与股东的利益相统一（Jensen 和 Meckling，1986）。

如何确定薪酬水平是企业薪酬设计的主要内容，现有文献对高管薪酬水平的影响因素做出了较为广泛的研究。在企业财务与经营状况方面，高管薪酬与企业盈利能力、企业规模、债务期限结构、行业垄断优势，以及产权属性等因素密切相关（Tosi 和 Gomez - Mejia，2000；Firth 等，2006；王雄元和何捷，2012；陈俊和徐玉德，2012 等）。在企业组织与治理结构方面，大股东股权制衡、机构投资者持股、董事会构成，以及党组织参与和内控建设等因素也会影响高管的薪酬水平（Core 等，1999；Ang 等，2000；王会娟和张然，2012；马连福等，2013 等）。此外，市场化进程、股权分置改革、媒体监管、政府补助等外部制度环境同样是影响高管薪酬的重要因素（辛清泉和谭伟强，2009；陈胜蓝和卢锐，2012；杨德明和赵璨，2012；罗宏等，2014 等）。

　　一般而言，企业给予员工的待遇不仅包括货币化的薪酬，还包括诸如工作环境、晋升空间、成就感等在内的非货币化的权益，只考虑货币薪酬而忽视非货币权益的作用，会造成我们对企业薪酬政策理解的偏差（Mathios，1989）。在 20 世纪 90 年代，Jensen 和 Murphy（1990）在其研究报告中强调了非货币权益对高管激励的重要意义，且货币化的权益与非货币化权益在一定程度上可以相互替代。然而，现有文献很少探讨高管的非货币权益与货币权益之间的关系。本章试图分析高管工作地的自然环境（尤其是空气质量）对高管薪酬的影响。与本书研究密切相关的文献是 Deng 和 Gao（2013）的研究。他们以美国各州企业为样本，针对高管工作地生活质量与高管薪酬之间关系的实证分析发现，如果高管工作所在城市的基础设施老旧、犯罪率较高、环境污染严重，或者气候条件糟糕，那么，企业通常会支付给管理层更高的薪酬，这表明，工作地的生活条件可以显著影响高管薪酬，并表现为替代关系。

　　Deng 和 Gao（2013）的研究使用城市生活质量指数作为解释变量，高管薪酬水平作为被解释变量，通过最小二乘法模型回归得到结论，这种实证分析方法存在明显的缺点。首先，城市生活质量，如环境污染、气候条件等，存在较强的时间序列相关性，很难在短时间内大幅度变化，这造成模型中解释变量的变异程度较小，弱化了模型估计的有效性；其次，城市生活质量本身与区域资源禀赋、经济水平、产业结构等因素有关，模型很难将此类因素一一控制，这就造成了模型估计中的遗漏变量偏差问题。本章使用公众对 PM2.5 环境风险的认知为研究背景，探讨了区域环境风险对企业薪酬水平的影响。之所以选择公众环境风险认知为研究背景，是考虑到其具有如下独特优势：一方面，PM2.5 是构成雾霾的主要物质，自 2011 年公众认知该污染物后，高污染地区的 PM2.5 含量成为了社会舆论的重要关注，因此，工作环境风险认知具有广泛且强烈的社会心理冲击作用，在实际效果上，等同于区域空气质量在短时间内发生了大幅变化，深刻影响了区域对人才的吸引力；另一方面，公众在 2011 年对 PM2.5 认知改变前后，城市空气质量指数并没有发生明显变化，也就是说，本章所观察的是公众环境风险认知的改变所造成的心理冲击，并没有伴随真实的环境质量变化，这可以尽量排除与环境质量相关的区域因素的干扰，为研究因果关系提供了干净的背景。

本章使用中国沪深 A 股上市公司为研究样本，选择公众环境风险认知前后各五年，即 2007—2016 年为研究区间，通过双重差分模型实证检验了公众对 PM2.5 环境风险的认知如何影响企业的高管薪酬安排。本章研究发现：第一，面临环境风险认知的冲击，位于空气污染较为严重地区的企业会增加高管薪酬水平，以此来增加自身吸引管理人才的能力，弥补环境污染对区域人才吸引力的负面作用；第二，企业产权属性对环境风险认知与高管薪酬之间的关系起到了调节作用，相对于国有企业，民营企业的薪酬制度更加灵活，且对经营环境的变化更加敏感，因此，民营企业的产权属性强化了环境风险认知冲击对高管薪酬的提升作用；第三，竞争对手对人才市场的竞争也会起到调节作用，当企业所面临的行业市场竞争较为激烈时，以及企业所面临的来自空气质量更好城市的同业者竞争较为激烈时，环境风险认知对高管薪酬的提升作用更为显著；第四，稳健性研究先后使用秦岭—淮河南北为分界线区分实验组与对照组城市，去除事件发生当年样本以及安慰剂检验这两种检验方式，印证了研究结论的稳健性；第五，在进一步研究中，本章一方面探讨了环境风险认知与高管薪酬业绩敏感性的关系，其结果表明，环境风险认知会增加高污染地区中企业的高管薪酬业绩敏感性，但数据的统计结果显著性较低，另一方面，本章排除了基于管理层代理理论的替代性解释。

本章可能的贡献有：（1）将公众环境风险认知、区域人才吸引力与高管薪酬安排纳入统一的分析框架，从人才吸引的角度系统地研究了公众环境风险认知如何影响高管薪酬，并考察了企业产权属性、市场人才竞争的调节作用，这丰富了环境污染、区域人才流动在企业层面经济后果的研究。（2）从高管非货币化权益的角度，研究了高管工作地空气污染与高管薪酬水平之间的关系，这丰富了对高管薪酬影响因素的研究，同时，探讨了高管非货币权益与货币权益之间的替代作用，可以有效地减少对企业薪酬政策理解的偏差（Mathios，1989）。（3）公众环境风险认知事件作为影响区域人才吸引力的外生因素，具有较多统计分析上的优点，有助于探讨区域人才吸引力与企业薪酬安排之间的因果关系。由于自然环境状况在短期内难以发生明显变化，且容易造成遗漏变量偏差问题，本章使用公众对以 PM2.5 为代表的环境污染物的认知为研究背景，巧妙地规避了这些问题的干扰，为探讨由自然环境因素所引发的区域人才吸引力变动与高管薪酬之间的关系提供了可靠证据。

4.2　理论分析与研究假设

4.2.1　环境风险认知与企业薪酬安排

优秀的管理团队是企业发展与创新的核心力量。合理的薪酬设计可以吸引高质量的管理人才，激发其工作积极性，是企业治理的重要内容。然而，企业的薪酬安排并非一成不变，不存在适用于所有情况的最优薪酬设计。随着企业所面临的经营环境、人才市场结构，以及高管激励问题的改变，薪酬安排也需要作相应调整。

自然环境质量是影响区域人才吸引力的重要因素。近些年，以雾霾为代表的空气污染现象引发了广泛的社会关注。造成雾霾的首要污染物是 PM2.5，即悬浮在空气中直径小于 2.5 微米的细微颗粒，其可以沉积在人体肺部，对人体健康造成严重危害，而公众对PM2.5 空气污染物及其危害的认知，则会弱化高污染地区的人才吸引力。根据"环境库兹涅茨曲线"的推论，随着收入水平的提升，人们将更加重视现在与未来的生活环境（Chavas, 2004），具体到企业的高级管理人才，由于高管收入与社会资源一般处于较高水平，高管对 PM2.5 污染物所带来的环境风险会更加敏感，更有可能在认知环境风险后规避高污染地区的工作。此外，在认识到 PM2.5 的危害后，处于高污染地区的高管会产生一定程度的心理负担，认为环境风险会损害身体健康，甚至给心情带来负面影响，因此，在高污染地区工作的高管实际承受了更大的工作成本。考虑到高管对环境风险的敏感性，以及环境风险所增加的工作成本，本章认为，伴随着公众环境风险认知的冲击，高管更倾向于离开高污染地区，即高污染地区对高管人才的吸引力被削弱了。

为了应对公众环境风险认知的冲击，企业可以适时调整薪酬水平，增加高管薪酬，这是考虑到：首先，货币权益与非货币权益之间存在替代关系（Jensen 和 Murphy, 1990；Deng 和 Gao, 2013），当企业所在地的空气污染风险更加严峻时，高管所得到的非货币权益将会降低，此时，企业通过提升货币薪酬，可以弥补非货币权益的不足；其次，企业所增加的货币薪酬可以视为专项补贴，以此冲抵高管在环境污染地区工作所产生的心理成本，从而平复高管的负面情绪；最后，薪酬激励理论认为，较高的薪酬水平可以提高企业现有员工转换工作时的机会成本（Shapiro 和 Stigliz, 1984），这弱化了高管"跳槽"的可能性，并激励高管恪尽职守，提升工作积极性。因此，处于高污染区域的企业可以通过增加高管薪酬水平来提升自身的吸引力，以此弱化公众环境风险认知冲击对区域高管人才吸引力的负面影响。

综上，本章提出假设 1：

假设1：公众对环境风险的认知，增强了位于高污染地区的企业通过提升高管薪酬来吸引人才的动机。具体表现为，在公众环境风险认知后，相对于低污染地区，位于高污染地区的企业会提升高管的薪酬。

4.2.2 企业产权属性与人才市场竞争的调节作用

国有企业与民营企业的薪酬激励方式存在显著的制度性差异（Firth 等，2006），这将造成公众环境风险认知与企业高管薪酬之间的关系因企业产权属性的不同而存在明显差异。

一方面，在国有企业工作的高管，可以获得较多的社会资源、隐性福利或者与岗位所对等的行政级别权力，这些非货币待遇在一定程度上可与货币薪酬相互替代，即货币薪酬只占国有企业高管所得福利的一部分，甚至是一小部分。反观民营企业，因市场化运作，其薪酬制度较为透明，并没有太多的隐性福利，且与政府的关联并不如国有企业紧密，也没有对应的行政级别。因此，国有企业中高管对薪酬待遇的重视程度要低于民营企业。

另一方面，国有企业中高管薪酬调整的灵活性弱于民营企业。地方或者中央国有企业的上级单位一般为地方或中央国有资产管理委员会，而国有资产管理委员会是政府单位，其肩负着除盈利以外的社会性责任，对市场变动的敏感度较低。通过整理地方与中央国有资产管理委员会在高管薪酬方面的规章制度，可以发现，企业高管薪酬方案需报国资委管理委员会（以下简称"国资委"）审批，为了缩小高管与普通员工之间的薪酬差异，国资委会主动规范高管薪酬，即通过执行"限薪令"等行政命令对高管薪酬进行限制。

综上，相对于国有企业，民营企业中高管对薪酬变动的敏感性较高，同时，民营企业的薪酬调整不需要经过政府机构的审核，更加市场化，也更加灵活。因此，当企业的产权属性为民营企业时，企业更有可能通过调整高管薪酬，来应对环境风险认知对区域人才吸引力的影响。具体的，本章提出假设2：

假设2：相对于国有企业，在民营企业中，环境风险认知对企业高管薪酬的影响更为显著。

高管人才具有较强的专业技能以及经营领导能力，熟悉特定市场的运行规律，能够把握产业未来发展方向。由于高管人才具有较高素质，其在劳动力市场中的供给弹性较小，随着企业间市场竞争的变化，企业对高管人才的争夺程度也会相应改变，进而影响到公众环境风险认知与高管薪酬水平之间的关系。

一般而言，行业市场竞争越激烈，企业越需要依赖适合的人才进行研发、市场拓展和管理谋划，以此提升企业的市场竞争力，即随着市场竞争的加剧，人才对企业发展的重要性逐渐提高，企业对人才流动的敏感程度会相应提升。因此，可以预期，在市场竞争较为激烈的环境中，公众环境风险认知与高管薪酬水平之间的关联会更加紧密。此外，考虑到产业的集聚效应（Almazan 等，2007；Almazan 等，2010），如果所处行业中其他企业多位于其他城市，则企业高管被其他城市中同行"挖走"的可能性会增加（Deng 和 Gao，2013），尤其是当其他城市的空气质量优于本城市空气质量时，更是如此。相反，如果同行业中其他企业多位于空气质量较差的地区，那么企业就具有了更强的人才吸引力，且高管在转换工作地时的选择空间较小。因此，可以预期，当所在行业的其他企业多位于空气质量较好的城市时，企业更容易受到空气污染所导致的人才流失的影响，进而促使公众环境风险认知与高管薪酬之间的关系会更加紧密。

综上，本章提出假设3：

假设3：当行业竞争较为激烈时，以及同行业在空气质量较好地区的企业数量较多时，环境风险认知对企业高管薪酬的影响更为显著。

4.3 研究设计

4.3.1 样本选择与数据来源

本章选择 2007—2016 年 A 股上市公司作为初始研究样本。之所以选择 2007—2016 年为样本区间，是考虑到公众对 PM2.5 污染风险的认知发生在 2011 年底，为了方便构建双重差分模型，保留事件发生的前五年（2007—2011 年）以及事件发生的后五年（2012—2016 年）。由于金融类上市公司的财务报告与经营方式与其他行业上市公司明显不同，按照研究惯例，本章删除了金融类上市公司。在删除模型中变量缺失的样本后，共得到 16588 个企业年度观测值。此外，本章所用数据除各城市 PM2.5 数据来自环保部以及各城市环保局，城市人均 GDP 数据来源于城市统计年鉴，高管薪酬及其他企业财务数据来源于 CSMAR 数据库。数据整理与统计分析使用了 STATA 软件。

4.3.2 变量定义与模型设计

为了检验公众环境风险认知对企业高管薪酬的影响，本章构建了双重差分模型，具体模型如下：

$$LnPay = \alpha_0 + \alpha_1 Treat + \alpha_2 Post + \alpha_3 Treat \times Post + \sum ControlVars + \varepsilon \tag{4.1}$$

其中，$LnPay$ 是被解释变量，用于衡量企业高管薪酬，其值为薪酬排序前三位的高管薪酬之和，并取自然对数。之所以选用薪酬排名前三位的高管薪酬，而不选用某一特定高管（如董事长或 CEO）的薪酬作为观察对象，是考虑到：一方面，研究目标为，探讨在大气污染对区域人才吸引力带来负面影响的背景下，企业如何利用薪酬政策来吸引管理人才，完善其管理团队，这里并非特指对董事长或 CEO 的人才吸引；另一方面，董事长或 CEO 会发生更替，在更替当年，由于董事长或 CEO 任职时间并未达到一年，其薪酬会发生变化，这种变化对本章研究构成了干扰，此外，任职不满一年的高管薪酬很难进入薪酬前三名，因此，使用排名前三位的薪酬则可以规避这种干扰。在现有文献中，方军雄（2011）、刘慧龙（2017）等文献均使用了这种方法来代表高管薪酬水平。

解释变量 Treat 是虚拟变量，当 2011 年企业所在城市的环境质量指数（Air Quality Index）高于样本中位数时，即大气污染较为严重时，取值为 1，否则为 0。解释变量 Post 是虚拟变量，在公众对 PM2.5 污染危害的认知发生之后，即 2012—2016 年间，取值为 1，在环境风险认知发生之前，即 2007—2011 年间，取值为 0。Treat 与 Post 的交互变量的系数是本章关注的重点。其系数大小表示，相对于对照组（空气污染较少地区），实验组（空气污染较严重地区）中企业高管薪酬的变化。双重差分模型的设计，通过比较实验组与对照组在事件发生前后的变化，可以有效地排除与事件冲击同时发生的宏观因素变动的影响，更有利于识别公众环境风险认知与企业高管薪酬之间的因果关系以及实际经济含义。

同时，本章控制了一系列与企业高管薪酬水平以及公众环境风险认知相关的控制变量，包括常用的企业财务特征变量 [ROA、Lev、Ln（Asset）、Ln（FirmAge + 1）]、企业股权与治理变量（MSHD、NSOE、Dual、Ratio_IDs），以及企业所在城市层面的变量 [Ln（PerGDP）、Ln（AQI）]。在公司基本财务特征方面，ROA 衡量企业总资产净利率，即企业当年税后净利润与年末总资产之比；Lev 衡量企业财务杠杆指数，即年末总负债与年末总资产之比；Ln（Asset）衡量企业规模，即年末总资产的自然对数；Ln（FirmAge + 1）衡量企业上市年数，其值等于企业上市年数加 1 后的自然对数。在企业治理方面，模型控制了高管是否持股

（*MSHD*），如果管理层持有企业股份，则其值为 1，否则为 0。高管权力以及企业治理结构是影响企业薪酬水平的重要因素（Beb-chuk 等，2003；Bebchuk 等，2010；权小锋等，2010；方军雄，2011），因此本章控制了高管是否持股。国有企业与民营企业在公司治理结构与薪酬激励方面存在制度性差异（Firth 等，2006），因此本章控制了企业的产权属性（*NSOE*），当企业为民营企业时，其值为 1，否则为 0。同时，董事长与 CEO 是否两职合一，以及企业独立董事比例是反映企业治理的常用指标，本章对其进行了控制：*Dual* 是虚拟变量，如果当年企业的董事长与 CEO 由同一人担任，其值为 1，否则为 0；*Ratio_IDs* 是独立董事比例，其值等于企业独立董事人数与董事会人数之比。此外，为了研究区域环境风险对高管薪酬的影响，本章控制了其他与高管薪酬相关的区域因素：一般而言，区域经济发展水平越高，当地的薪酬水平也随之提升，因此，本章控制了 Ln（*PerGDP*），其值等于企业总部所在城市的人均 GDP 的自然对数；空气质量的真实变化可能会影响当地的薪酬水平，为此，本章控制了 Ln（*AQI*），其值等于企业总部所在城市的空气质量指数 AQI 的自然对数。

此外，本章回归模型控制了行业固定效应。考虑到实验组与对照组的区分是以城市为基础的，本章对回归系数标准误差进行了城市层面的聚类调整（Cluster by city），以减弱序列相关性的影响，得到更为稳健的结果。同时，为了弱化极端值对结果的影响，本章对连续变量进行了上下 1% 的 Winsorize 处理。具体变量定义见表 4-1。

为了检验企业产权属性与人才市场竞争的压力对公众环境风险认知与企业高管薪酬水平之间关系的调节作用，本章构建了如下模型：

$$LnPay = \alpha_0 + \alpha_1 Treat + \alpha_2 Post + \alpha_3 Treat \times Post + \alpha_4 \Phi + \alpha_5 Treat \times \Phi + \alpha_6 Post \times \Phi + \alpha_7 Treat \times Post \times \Phi + \sum ControlVars + \varepsilon$$

$$(4.2)$$

模型 4.2 在模型 4.1 的基础上，加入了三次交互项，以此检验企业产权属性与人才市场竞争压力对公众环境风险认知与企业高管薪酬之间关系的调节作用。具体调节变量包括：表示企业产权属性的虚拟变量（*Non - SOE in* 2011）、表示行业市场竞争强弱的虚拟变量（*Lower Industry HHI in* 2011），以及表示空气质量更好的城市对人才争夺强度的虚拟变量（*Clean City Rivals in* 2011）。其中，当企业在 2011 年度的产权属性为民营企业时，*Non - SOE in* 2011 取值为 1，否则为 0；当企业所处行业在 2011 年的赫芬达尔指数（Herfindahl - Hirschman Index）① 低于样本中位数时，即行业竞争较为激烈时，*Lower Industry HHI in* 2011 取值为 1，否则为 0；此外，在 2011 年，当其他城市（相较于企业所在城市，空气质量更好的城市）的同业者数量与同业者总数量之比高于样本中位数时，即企业面临环境更好的城市中同业者竞争的压力较大时，*Clean City Rivals in* 2011 取值为 1，否则为 0。

模型 4.2 与基础模型 4.1 中控制变量保持一致，具体变量定义见表 4 - 1，同时，对回归系数标准误差进行了城市层面的聚类调整（Cluster by city），以减弱序列相关性的影响，并对连续变量进行了上下 1% 的缩尾处理。

表 4 - 1　　　　　　　　　　变量定义

变量名称	变量定义
LnPay	高管薪酬水平衡量指标：其值等于企业薪酬前三名的高管薪酬之和，并取自然对数
Treat	虚拟变量：当企业所在城市 2011 年的空气质量指数（AQI）高于中位数时，即空气污染较为严重时，其值为 1，否则为 0

---

① 行业赫芬达尔指数等于每家上市公司的主营业务收入占行业全部上市公司的主营业务收入总额比例的平方和。其数值越小代表行业中相似规模的企业数量较多，行业竞争更加激烈。

续表

变量名称	变量定义
Post	虚拟变量：在 2012—2016 年间，其值为 1；在 2007—2011 年间，其值为 0
Non - SOE in 2011	虚拟变量：当企业 2011 年度的产权属性为民营企业时，取值为 1，否则为 0
Lower Industry HHI in 2011	虚拟变量：当企业所处行业在 2011 年的赫芬达尔指数低于样本中位数时，即行业竞争较为激烈时，其值为 1，否则为 0
Clean City Rivals in 2011	虚拟变量：在 2011 年，当其他城市（相较于企业所在城市，空气质量更好的城市）的同业者数量与同业者总数量之比，高于样本中位数时，取值为 1，否则为 0
ROA	企业总资产收益率：息税后净利润与年末总资产之比
Lev	财务杠杆：年末总负债与年末总资产之比
Ln（*Asset*）	企业规模：企业年末总资产的自然对数
Ln（*FirmAge* + 1）	企业上市年龄：企业上市年数加 1 后的自然对数
MSHD	虚拟变量：当高管持有企业股份时，其值为 1，否则为 0
NSOE	虚拟变量：当企业产权属性为民营企业时，其值为 1，否则为 0
Dual	虚拟变量：如果企业董事长与 CEO 由同一人担任，其值为 1，否则为 0
Ratio_IDs	独立董事比例：企业独立董事人数与董事会人数之比
Ln（*PerGDP*）	人均 GDP：企业总部所在城市的人均 GDP。数据来源于城市统计年鉴
Ln（*AQI*）	空气质量指数：企业总部所在城市的空气质量指数 AQI，并取其自然对数。空气质量指数来源于中国环保部与地方环保局

4.3.3　描述统计与分析

表 4 - 2 对基本模型涉及的主要变量进行了描述性统计。被解释变量 Ln*Pay* 的平均值和中位数分别为 14.049 和 14.066。同时，25% 分位值为 13.611，75% 分位值为 14.509。此外，变量 Ln*Pay*

的标准差为 0.730。虚拟变量 *Treat* 的平均值为 0.502，标准差为 0.5；虚拟变量 *Post* 的平均值为 0.614，标准差为 0.487。对于控制变量而言，样本中企业总资产净利率（*ROA*）的平均值为 0.038，标准差为 0.061；财务杠杆（*Lev*）的平均值为 0.455，标准差为 0.238；企业年末总资产自然对数 [Ln（*Asset*）] 的平均值（中位数）为 21.891（21.736）；企业上市年数自然对数 [Ln（*FirmAge* +1）] 的平均值（中位数）为 2.045（2.303）；由 *MSHD*、*NSOE*，以及 *Dual* 的平均值可知，75.9% 的样本企业存在高管持股、53.5% 的样本企业为民营企业，同时 23% 的样本企业存在董事长与 CEO 两职合一的现象；平均而言，样本企业的独立董事比例（*Ratio_IDs*）为 37.2%；此外，企业总部所属城市人均 GDP 的自然对数为 11.206，并且空气质量指数 AQI 的自然对数平均为 4.384。

表 4 – 2　　　　　　　主要变量的描述性统计

变量	Mean	StdDev	P25	Median	P75
LnPay	14.049	0.730	13.611	14.066	14.509
Treat	0.502	0.500	0.000	1.000	1.000
Post	0.614	0.487	0.000	1.000	1.000
ROA	0.038	0.061	0.014	0.037	0.066
Lev	0.455	0.238	0.269	0.446	0.623
Ln（Asset）	21.891	1.334	20.942	21.736	22.656
Ln（FirmAge +1）	2.045	0.893	1.386	2.303	2.773
MSHD	0.759	0.428	1.000	1.000	1.000
NSOE	0.535	0.499	0.000	1.000	1.000
Dual	0.230	0.421	0.000	0.000	0.000
Ratio_IDs	0.372	0.059	0.333	0.333	0.429
Ln（PerGDP）	11.206	0.546	10.908	11.263	11.576
Ln（AQI）	4.384	0.331	4.158	4.363	4.565

4.4 实证检验与结果分析

4.4.1 环境风险认知与高管薪酬水平

表 4 - 3 展示了公众对 PM2.5 污染风险的认知对高管薪酬的影响。在第 (1) — (3) 栏中，被解释变量为高管薪酬（LnPay）。其中，第 (1) 栏没有加入控制变量，第 (2) 栏增加了一系列企业层面相关的控制变量，而第 (3) 栏在控制企业层面变量的基础上，增加了企业所在城市人均 GDP 以及空气质量指数 AQI 的控制变量。由结果可知，不管是否增加控制变量，核心变量 Treat 与 Post 的交互项系数始终为正，且均在 1% 水平上显著。以第 (3) 栏为例，Post 的系数为 0.1，这表明，平均而言，对照组企业的高管薪酬增长了 0.1，而 Treat 与 Post 的交互项系数为 0.117，这说明，实验组企业中高管薪酬在受到公众环境风险认知的冲击后，增长为 0.217，即相对于对照组（空气质量较好地区），实验组（空气质量较差地区）中企业在受到公众环境风险认知冲击后，高管薪酬水平得到了显著提升，且考虑到高管薪酬（LnPay）的标准差为 0.73，公众环境风险认知对高管薪酬的影响具有经济显著性。

综合表 4 - 3 的结果可以发现，随着公众对 PM2.5 环境风险的认知提升，企业倾向于支付给高管更具吸引力的薪酬，这与本章假设 1 的预期一致。该结果表明，公众环境风险认知会弱化高污染地区的人才吸引力，而提升高管薪酬是企业吸引高素质管理团队的重要手段，企业以此来弥补空气污染造成的人才流失。

表 4 – 3 公众环境风险认知与高管薪酬

	(1)	(2)	(3)
	LnPay		
Treat	– 0. 162***	– 0. 155***	– 0. 083***
	(– 4. 54)	(– 5. 42)	(– 2. 92)
Post	0. 399***	0. 253***	0. 100***
	(22. 71)	(14. 66)	(5. 19)
Treat × Post	**0. 105*****	**0. 090*****	**0. 117*****
	(4. 26)	**(4. 27)**	**(5. 48)**
ROA		2. 054***	1. 901***
		(13. 49)	(12. 88)
Lev		– 0. 301***	– 0. 246***
		(– 5. 40)	(– 4. 71)
Ln (Asset)		0. 293***	0. 279***
		(28. 99)	(28. 89)
Ln (FirmAge + 1)		– 0. 032**	– 0. 019
		(– 2. 47)	(– 1. 57)
MSHD		0. 032	0. 031
		(1. 45)	(1. 45)
NSOE		0. 028	0. 003
		(1. 05)	(0. 12)
Dual		0. 061***	0. 032
		(2. 74)	(1. 51)
Ratio_IDs		– 0. 373***	– 0. 419***
		(– 2. 74)	(– 3. 21)
Ln (PerGDP)			0. 341***
			(15. 43)
Ln (AQI)			– 0. 172***
			(– 7. 25)

续表

	（1）	（2）	（3）
	LnPay		
Industry FE	YES	YES	YES
N	17692	17109	16588
Adj. R^2	0.112	0.374	0.418

注：***、**、*分别表示估计系数在 0.01、0.05、0.1 水平上显著，标准差经过城市 cluster 调整。

平行性假定是使双重差分模型行之有效的重要前提。如果在冲击事件发生之前，实验组与对照组的变化趋势已经出现差异，则表明研究选取的实验组与对照组存在系统性差异，以此为基础的双重差分检验无法形成有效的因果分析，也无法准确地计量经济后果。

平行性假定要求：公众对环境风险产生认知之前，在空气质量较好的对照组与空气质量较差的实验组企业中，高管薪酬水平的年度变化呈现相似趋势。为了检验双重差分模型是否满足平行性假定，本章参照 Kacperczyk（2010）的研究方法，构建了如下回归模型。

$$LnPay = \alpha_0 + \alpha_1 Treat \times Year2008 + \alpha_2 Treat \times Year2009 + \alpha_3 Treat \times Year2010 + \alpha_4 Treat \times Year2011 + \alpha_5 Treat \times Year2012 + \alpha_6 Treat \times Year2013 + \alpha_7 Treat \times Year2014 + \alpha_8 Treat \times Year2015 + \alpha_9 Treat \times Year2016 + \alpha_{10} Treat + \sum YearDummy + \sum ControlVars + \varepsilon \quad (4.3)$$

被解释变量为高管薪酬（LnPay）。解释变量为连续九个年度的虚拟变量：$Year2008$、$Year2009$、$Year2010$、$Year2011$、$Year2012$、$Year2013$、$Year2014$、$Year2015$、$Year2016$，以及它们与 $Treat$ 变量之间的交互项。上述年份虚拟变量与 $Treat$ 交互项的系数大小及显著性是平行性检验关心的重点。根据研究假设，$Year2008$、$Year2009$、$Year2010$、$Year2011$ 与 $Treat$ 的交互项应不显著，而 $Year2012$、$Year2013$、$Year2014$、$Year2015$、$Year2016$ 与 $Treat$ 的交

互项应至少存在显著性。

表 4-4 展示了平行性假定检验的结果，$Year2008$—$Year2011$ 与 $Treat$ 乘积项的回归系数均不显著，说明在公众提升环境风险认知之前的年份，实验组与对照组中高管薪酬水平呈现相似的变动趋势；而 $Year2012$—$Year2016$ 与 $Treat$ 乘积项的回归系数显著为正，说明在公众认识到空气污染的危害后，相对于对照组，实验组中企业支付给高管的薪酬得到了显著提升。

表 4-4　　　　　　　　　　平行性假定检验

	(1)	(2)	(3)
	LnPay		
$Treat \times 2008\_Year$	-0.023	-0.038	-0.038
	(-0.82)	(-1.30)	(-1.22)
$Treat \times 2009\_Year$	0.034	0.024	0.039
	(1.02)	(0.75)	(1.17)
$Treat \times 2010\_Year$	0.045	0.032	0.057
	(1.26)	(0.93)	(1.60)
$Treat \times 2011\_Year$	0.046	0.022	0.040
	(1.20)	(0.62)	(1.07)
$Treat \times 2012\_Year$	0.146***	0.119***	0.139***
	(3.64)	(3.25)	(3.67)
$Treat \times 2013\_Year$	0.124***	0.102***	0.181***
	(3.00)	(2.73)	(4.60)
$Treat \times 2014\_Year$	0.120***	0.087**	0.120***
	(2.85)	(2.30)	(3.05)
$Treat \times 2015\_Year$	0.125***	0.098**	0.128***
	(2.87)	(2.52)	(3.20)
$Treat \times 2016\_Year$	0.124***	0.092**	0.123***
	(2.75)	(2.30)	(3.03)

续表

	（1）	（2）	（3）
	LnPay		
Treat	− 0. 184 ***	− 0. 166 ***	− 0. 111 ***
	（ − 3. 89）	（ − 4. 17）	（ − 2. 66）
Control	YES	YES	YES
Time FE	YES	YES	YES
Industry FE	YES	YES	YES
N	17692	17109	16588
Adj. R^2	0. 151	0. 392	0. 426

注：***、**、*分别表示估计系数在0.01、0.05、0.1水平上显著，标准差经过城市 cluster 调整。

4.4.2 产权属性与人才市场竞争的调节作用

在上述研究的基础上，本节进一步探讨了产权属性与人才市场竞争对公众 PM2.5 污染认知与高管薪酬之间关系的调节作用。

国有企业与民营企业的薪酬激励方式存在显著的制度性差异（Firth 等，2006）。一方面，相较于民营企业，国有企业有更多的社会资源、隐性福利或者与岗位所对等的行政级别权利，这些非货币待遇在一定程度上可与货币薪酬待遇相互替代，因此，国有企业中高管对薪酬待遇的重视程度要低于民营企业中的高管。另一方面，国有企业中高管调整薪酬的灵活性弱于民营企业。地方或者中央国有企业的上级单位一般为地方或中央国有资产管理委员会，而国有资产管理委员会是政府单位，其肩负着除盈利以外的社会性责任，对市场变动的敏感度较低，且需要执行"限薪令"等行政命令对高管薪酬进行限制。因此，可以预期，在公众对环境风险提升认知后，相对于国有企业，民营企业会更大幅度地提升高管薪酬。

表4-5 展示了企业产权属性特征对公众 PM2.5 污染认知与高

管薪酬之间关系的调节作用。当 2011 年企业为民营企业时，调节变量 $Non-SOE\ in\ 2011$ 为 1，否则为 0。其中，第（1）栏没有加入控制变量，第（2）栏增加了一系列与企业层面相关的控制变量，而第（3）栏在企业层面控制变量的基础上，增加了企业所在城市人均 GDP 以及空气质量指数 AQI 的控制变量。

表 4 - 5　　　　　　　　　产权属性的调节作用

	（1）	（2）	（3）
	LnPay		
$Treat$	- 0. 127 **	- 0. 113 ***	- 0. 038
	（- 2. 53）	（- 2. 76）	（- 0. 95）
$Post$	0. 445 ***	0. 287 ***	0. 138 ***
	（16. 94）	（12. 00）	（5. 41）
$Treat \times Post$	0. 076 **	0. 061 **	0. 062 **
	（2. 47）	（2. 17）	（2. 28）
$Non-SOE\ in\ 2011$	0. 208 ***	0. 041	0. 077 *
	（4. 34）	（0. 95）	（1. 91）
$Treat \times Non-SOE\ in\ 2011$	- 0. 084	- 0. 080	- 0. 086 *
	（- 1. 24）	（- 1. 47）	（- 1. 65）
$Post \times Non-SOE\ in\ 2011$	- 0. 075 **	- 0. 063 **	- 0. 067 **
	（- 2. 08）	（- 2. 04）	（- 2. 21）
$Treat \times Post \times Non-SOE\ in\ 2011$	**0. 043 ***	**0. 048 ***	**0. 055 ***
	（1. 75）	**（1. 83）**	**（2. 25）**
ROA		2. 056 ***	1. 903 ***
		（13. 53）	（12. 93）
Lev		- 0. 297 ***	- 0. 240 ***
		（- 5. 32）	（- 4. 60）
$Ln\ (Asset)$		0. 293 ***	0. 279 ***
		（28. 93）	（28. 81）

续表

	(1)	(2)	(3)
	LnPay		
Ln (FirmAge + 1)		−0.033 **	−0.021 *
		(−2.56)	(−1.69)
MSHD		0.028	0.026
		(1.23)	(1.19)
Dual		0.062 ***	0.034
		(2.77)	(1.57)
Ratio_IDs		−0.367 ***	−0.411 ***
		(−2.68)	(−3.13)
Ln (PerGDP)			0.342 ***
			(15.44)
Ln (AQI)			−0.174 ***
			(−7.32)
Industry FE	YES	YES	YES
N	17487	17109	16588
Adj. R^2	0.118	0.375	0.419

注: *** 、** 、* 分别表示估计系数在 0.01、0.05、0.1 水平上显著，标准差经过城市 cluster 调整。

调节变量与 Treat 和 Post 的三次交互项系数是值得关注的重点。结果显示，第（1）—（3）栏中三次交互项系数均为正，且分别在 10%、10% 与 5% 水平上显著，这表明，在公众对空气污染风险提升认知后，相对于空气质量较好的地区，处于空气质量较差地区的企业更倾向于提高管理层薪酬，以此提升企业自身人才吸引力来弥补环境风险认知对区域内人才吸引力的不利影响。

在人才市场竞争方面，本节重点讨论了企业所在行业的市场竞争程度以及空气质量较好地区的同业者对竞争的调节作用。

一般而言，行业市场竞争越激烈，企业越需要依赖适合的人才进行研发、市场拓展、管理谋划，以此提升企业的市场竞争力，即随着市场竞争的加剧，人才对企业发展的重要性逐渐提高，企业对人才流动的敏感程度会相应提升。因此，可以预期，在市场竞争较为激烈的环境中，公众环境风险认知与高管薪酬之间的关系会更加紧密。此外，考虑到产业的集聚效应（Almazan 等，2007；Almazan 等，2010），如果企业所处行业中其他企业多位于其他城市，则企业高管被其他城市中同行"挖走"的可能性会增加（Deng 和 Gao，2013），尤其是当其他城市的空气质量优于本城市空气质量时，更是如此。因此，可以预期，当企业所在行业的其他企业多位于空气质量较好的城市时，企业更容易受到空气污染所导致的人才流失的影响，促使公众环境风险认知与高管薪酬之间的关系会更加紧密。

表4-6的回归结果展示了人才市场竞争对公众 PM2.5 污染认知与高管薪酬之间关系的调节作用。其中，第（1）（2）栏中调节变量为企业所在行业的赫芬达尔指数（当2011年行业竞争赫芬达尔指数低于样本中位数时，变量 *Lower Industry HHI in* 2011 取值为 1，否则为0）；第（3）（4）栏中调节变量为企业所面临的来自环境更好地区的同业者竞争程度（当2011年来自空气质量更好城市的同业者数量与总同业者数量之比，高于样本中位数时，即企业面临环境更好的城市中同业者竞争的压力较大时，*Clean City Rivals in* 2011 取值为 1，否则为0）。在第（1）（2）栏中，调节变量与 *Treat* 和 *Post* 的三次交互项系数均为正，且均在 5% 水平上显著，这表明，当企业面临较强市场竞争时，高管人才对企业发展的重要性得到凸显，为了弱化公众环境风险认知造成的高污染区域人才吸引力下降的负面影响，企业更有动力提升高管薪酬，增加自身的人才吸引力。在第（3）（4）栏中，调节变量与 *Treat* 和 *Post* 的三次交互项系数均为正，且分别在 5% 与 10% 水平上显著，这表明，如果企业所处行业中其他企业多位于其他环境优美的城市，在公众环

境风险认知的冲击下，企业高管更有可能被拥有环境优势的同行"挖走"，此时，企业为了应对高管人才流失，会更大幅度地提升其薪酬水平。

表 4 – 6　　　　　　　行业与人才市场竞争的调节作用

	(1)	(2)	(3)	(4)
	$\Phi = Lower\ Industry\ HHI\ in\ 2011$		$\Phi = Clean\ City\ Rivals\ in\ 2011$	
Treat	– 0. 157 ***	– 0. 065	– 0. 200 **	– 0. 120
	(– 3. 11)	(– 1. 63)	(– 2. 16)	(– 1. 54)
Post	0. 434 ***	0. 102 ***	0. 389 ***	0. 082 ***
	(18. 30)	(4. 04)	(21. 92)	(3. 89)
Treat × Post	0. 068 **	0. 075 **	0. 070 **	0. 081 ***
	(2. 32)	(2. 53)	(2. 05)	(3. 09)
Φ			– 0. 256 ***	– 0. 115
			(– 2. 84)	(– 1. 31)
Treat × Φ	– 0. 012	– 0. 031	0. 278 **	0. 147
	(– 0. 17)	(– 0. 57)	(2. 18)	(1. 27)
Post × Φ	– 0. 082 **	– 0. 040	0. 083	0. 024
	(– 2. 45)	(– 1. 31)	(1. 52)	(0. 41)
Treat × Post × Φ	**0. 056 ****	**0. 051 ****	**0. 052 ****	**0. 047 ***
	(2. 18)	**(2. 05)**	**(1. 98)**	**(1. 79)**
ROA		1. 863 ***		1. 866 ***
		(12. 20)		(12. 23)
Lev		– 0. 270 ***		– 0. 269 ***
		(– 4. 96)		(– 4. 95)
Ln (Asset)		0. 279 ***		0. 280 ***
		(27. 73)		(27. 72)
Ln (FirmAge + 1)		– 0. 002		– 0. 002
		(– 0. 10)		(– 0. 14)

续表

	(1)	(2)	(3)	(4)
	Φ = Lower Industry HHI in 2011		Φ = Clean City Rivals in 2011	
MSHD		0.038 *		0.037 *
		(1.70)		(1.65)
NSOE		0.010		0.011
		(0.37)		(0.43)
Dual		0.045 *		0.044 *
		(1.88)		(1.86)
Ratio_IDs		-0.421 ***		-0.420 ***
		(-3.03)		(-3.02)
Ln (PerGDP)		0.346 ***		0.342 ***
		(14.90)		(14.73)
Ln (AQI)		-0.178 ***		-0.167 ***
		(-7.12)		(-6.84)
Industry FE	YES	YES	YES	YES
N	17487	16588	17487	16588
Adj. R^2	0.113	0.427	0.115	0.427

注: *** 、 ** 、 * 分别表示估计系数在0.01、0.05、0.1水平上显著,标准差经过城市cluster调整。因控制行业固定效应,第(1)(2)栏中 Φ 为缺失。

4.4.3 稳健性检验

在稳健性检验中,本章首先以中国北方与南方城市重新划分实验组与对照度。秦岭—淮河一线是中国重要的地理分界线,是亚热带季风气候与温带季风气候的分界线,西起与青藏高原相连的秦岭余脉,东至东海海滨。除了是气候差异的标志外,秦岭—淮河一线也被中国政府作为冬季集中供暖的分界线:不同于南方城市,北方城市因冬季寒冷,其地方政府提供了冬季集中供暖的服务。由于暖气供应主要依赖煤炭燃烧来加热暖气装备中的水,其无可避免地产生空气污染物，尤其提升了构成 PM2.5 污染的悬浮颗粒的浓度，无意之中增加了北方城市的空气污染物含量（Almond 等，2009）。考虑到北方城市更多地受到悬浮颗粒物的影响，在公众认知到 PM2.5 的危害后，生活在秦岭—淮河以北的居民更有可能认为其呼吸的空气中存在 PM2.5 污染。参照 Almond 等（2009）的研究，本章将秦岭—淮河一线以北的城市，即中国北方城市，作为实验组，而秦岭—淮河一线以南的城市，即中国南方城市，作为对照组，对本章主要结论进行稳健性检验。值得注意的是，受到特殊地形的影响，有些城市尽管位于北方，但空气质量反而较好，因此利用地理位置的南北来划分实验组与对照组，并不精确，本章仅将其作为稳健性检验。

表 4 -7 展示了使用秦岭—淮河一线区分实验组与对照组的稳健性检验结果。第（1）栏没有添加控制变量，第（2）栏增加了企业层面的控制变量，而第（3）栏同时增加了企业与地区层面的控制质量。可以发现，不管是否增加企业或地区层面的控制变量，核心变量 Treat 与 Post 的交互项系数始终显著为正。这表明，相对于对照组（秦岭—淮河以南地区），实验组（秦岭—淮河以北地区）中企业在受到公众环境风险认知冲击后，更大程度地提升了高管薪酬水平。这与本章的基本结论一致。

表 4 -7   稳健性检验：使用秦岭—淮河一线区分实验组与对照组

	（1）	（2）	（3）
	LnPay		
Treat	- 0. 170 ***	- 0. 206 ***	- 0. 111 ***
	（ - 4. 83）	（ - 7. 43）	（ - 3. 72）
Post	0. 437 ***	0. 283 ***	0. 155 ***
	（32. 71）	（19. 96）	（8. 77）

续表

	（1）	（2）	（3）
	LnPay		
Treat × Post	**0. 060** **	**0. 054** ***	**0. 057** **
	（2. 47）	**（2. 62）**	**（2. 43）**
ROA		2. 047 ***	1. 925 ***
		（15. 31）	（13. 46）
Lev		− 0. 315 ***	− 0. 255 ***
		（− 6. 40）	（− 5. 05）
Ln （Asset）		0. 299 ***	0. 281 ***
		（32. 75）	（29. 72）
Ln （FirmAge + 1）		− 0. 015	− 0. 019
		（− 1. 30）	（− 1. 61）
MSHD		0. 038 *	0. 031
		（1. 86）	（1. 50）
NSOE		0. 021	− 0. 002
		（0. 85）	（− 0. 09）
Dual		0. 064 ***	0. 032
		（3. 28）	（1. 54）
Ratio_IDs		− 0. 270 **	− 0. 397 ***
		（− 2. 15）	（− 3. 13）
Ln （PerGDP）			0. 303 ***
			（15. 37）
Ln （AQI）			− 0. 143 ***
			（− 6. 21）
Industry FE	YES	YES	YES
N	22212	21507	17389
Adj. R²	0. 125	0. 380	0. 409

注：***、**、*分别表示估计系数在 0. 01、0. 05、0. 1 水平上显著，标准差经过城市 cluster 调整。

在主检验中，本章考虑到公众对环境风险的认知发生在 2011 年末，将 2011 年作为事件发生之前来设定双重差分模型中的 Post 变量。然而，有些企业依然可能在 2011 年末增加高管薪酬，以此来及时补贴环境风险对高管任职的负面影响，因此，在稳健性检验中，本章剔除了 2011 年样本，重新进行回归检验。

表 4 - 8 展示了剔除 2011 年样本后的稳健性检验结果。第 (1) —（3）栏的结果表明，核心变量 Treat 与 Post 的交互项系数始终为正，且在 1% 水平上显著。这意味着，在不考虑事件发生当年样本的情况下，公众环境风险认知的冲击仍然会使高污染地区的企业提升高管薪酬，以此来提高企业自身对高管人才的吸引力。这与本章的基本结论保持一致。

表 4 - 8　　稳健性检验：剔除事件发生当年样本

	（1）	（2）	（3）
	LnPay		
Treat	- 0.169 ***	- 0.158 ***	- 0.092 ***
	（- 4.42）	（- 5.14）	（- 2.94）
Post	0.479 ***	0.314 ***	0.137 ***
	（23.65）	（15.73）	（5.99）
Treat × Post	**0.112 *****	**0.093 *****	**0.119 *****
	（3.90）	**（3.78）**	**（4.65）**
ROA		1.975 ***	1.807 ***
		（13.13）	（12.34）
Lev		- 0.304 ***	- 0.263 ***
		（- 5.47）	（- 5.02）
Ln（Asset）		0.290 ***	0.278 ***
		（28.62）	（28.71）
Ln（FirmAge + 1）		- 0.034 ***	- 0.021 *
		（- 2.64）	（- 1.69）

续表

	(1)	(2)	(3)
		LnPay	
ST Firm		0. 040 *	0. 037 *
		(1. 79)	(1. 75)
Dual		0. 024	0. 005
		(0. 92)	(0. 18)
Big4		0. 051 **	0. 025
		(2. 31)	(1. 15)
Ln (*AuditFee*)		− 0. 416 ***	− 0. 440 ***
		(− 3. 09)	(− 3. 39)
Opinion			0. 328 ***
			(14. 97)
Ln (*AQI*)			− 0. 160 ***
			(− 7. 07)
Industry FE	YES	YES	YES
N	15882	15337	14816
Adj. R^2	0. 136	0. 387	0. 426

注：*** 、** 、* 分别表示估计系数在 0. 01、0. 05、0. 1 水平上显著，标准差经过城市 cluster 调整。

此外，本章还使用安慰剂检验（Placebo Test）进行稳健性分析，以避免回归结果所呈现的规律是偶然现象的可能。首先，在样本城市中随机选择 47 个城市（即与实验组中包含的城市数量相等）作为安慰剂检验中的实验组，并将其余城市作为控制组。然后，基于新生成的实验组与控制组，对表 4 - 3 中第（3）栏模型进行回归，得到核心变量 *Treat* 与 *Post* 的交互项系数。将上述步骤重复 5000 次。

图 4 - 1 报告了安慰剂检验系数的分布结果。可以看到，其均值为 0，标准差为 0. 036，最大值为 0. 092，最小值为 - 0. 094。由

表 4 - 3 中第（3）栏可知，真实的 *Treat* 与 *Post* 交互项系数为 0.117，即 5000 次安慰剂回归得到的交互项系数均不高于真实的系数，因此，有理由认为本书的回归结果并非源于偶然。

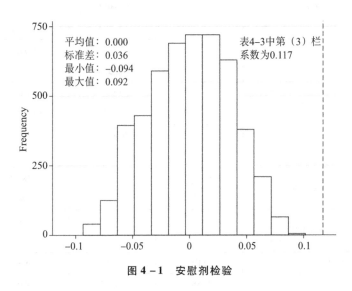

图 4 - 1　安慰剂检验

4.5　进一步分析

4.5.1　公众环境风险认知与高管薪酬业绩敏感性

在进一步分析中，本章探讨了环境风险认知与高管薪酬业绩敏感性之间的关系。薪酬水平与薪酬业绩敏感性是企业薪酬安排的重要组成，上文研究发现，公众环境风险认知会降低高污染地区的人才吸引力，企业为了增加自身对管理人才的吸引力，而提升了高管薪酬水平。然而，环境风险认识是否会影响高管薪酬业绩敏感性，以及如何影响薪酬业绩敏感性，仍有待探讨。

　　公众在进行工作选择的时候，往往会权衡包括空气污染情况在内的工作环境（Power，1980；Myers，1987），并尽量规避糟糕的工作环境（Knyazeva 等，2013）。PM2.5 是悬浮在空气中细微颗粒，会沉积在人们的肺部，对健康造成严重的危害。在认识到 PM2.5 的危害后，处于高污染地区的高管可能产生一定程度的心理负担，认为在这里工作会损害身体健康，甚至给心情带来负面影响，因此，在高污染地区工作的高管实际承担了更大的工作成本。

　　环境风险所增加的高管工作成本，可能对薪酬业绩敏感性同时存在负向与正向的影响。就负向影响而言，为了吸引管理人才，企业可以通过专项环境补贴的方式，来弥补空气污染风险所增加的工作成本，这虽然增加了高管的总薪酬水平，但专项补贴与高管的业绩无关，最终减弱了高管的薪酬业绩敏感性。就正向影响而言，面对空气污染风险所增加的工作成本，企业高管可能会寻求其他途径的补偿，例如降低工作的努力程度，享受更多的闲暇时间，为了预防这一情况的发生，企业可以通过有效的薪酬契约将高管与企业的利益相统一，而绩效薪酬是激励和约束高管的重要手段（Jensen 和 Murphy，1990），因此，面临公众环境风险认知的冲击，企业可能会提升高管薪酬的业绩敏感性。综上，环境风险认知对高管薪酬业绩敏感性既可能存在负向影响，也可能存在正向影响，具体哪一种影响占主导，需要实证的检验。为了检验环境风险认知与高管薪酬业绩敏感性之间的关系，本章建立如下模型：

$$LnPay = \alpha_0 + \alpha_1 Treat + \alpha_2 Post + \alpha_3 Treat \times Post + \alpha_4 Treat \times ROA$$
$$+ \alpha_5 Post \times ROA + \alpha_6 Treat \times Post \times ROA + \sum ControlVars + \varepsilon$$

$$(4.4)$$

　　在模型中被解释变量为企业高管薪酬的自然对数，主要解释变量为：$Treat$、$Post$ 与 ROA（总资产净利率）。其中，$Treat$、$Post$ 与 ROA 之间三次交互项的系数是关注的重点。模型中控制变量与模型 4.1 一致。

表4-9展示了公众环境风险认知与高管薪酬业绩敏感性的回归结果。在第（1）—（3）栏中，被解释变量为高管薪酬（LnPay）。其中，第（1）栏没有加入控制变量，第（2）栏增加了一系列与企业层面相关的控制变量，而第（3）栏在企业层面控制变量的基础上，增加了影响企业所在城市人均 GDP 以及空气质量指数 AQI 的控制变量。由结果可知，不管是否增加控制变量，核心变量 Treat、Post 与 ROA 的交互项系数始终为正，但是，仅有第（3）栏的三次交互项系数显著。这表明，环境风险认知对高管薪酬业绩敏感性的正向影响可能起到了主要作用，但证据较弱，这需要在以后的研究中，更加深入地探讨环境风险认知与薪酬业绩敏感性之间的关系。

表4-9 公众环境风险认知与高管薪酬业绩敏感性

	(1)	(2)	(3)
	LnPay		
Treat	-0.157***	-0.143***	-0.076**
	(-4.38)	(-4.45)	(-2.42)
Post	0.439***	0.275***	0.117***
	(21.75)	(13.99)	(5.41)
Treat × Post	0.098***	0.072***	0.098***
	(3.51)	(2.73)	(3.71)
Treat × ROA	0.188	-0.274	-0.163
	(0.47)	(-0.73)	(-0.44)
Post × ROA	-0.614*	-0.543*	-0.421
	(-1.85)	(-1.94)	(-1.55)
Treat × Post × ROA	**0.151**	**0.465**	**0.494***
	(0.61)	**(1.62)**	**(1.71)**
ROA	3.113***	2.858***	2.595***
	(10.19)	(9.24)	(8.85)

续表

	(1)	(2)	(3)
		LnPay	
Lev		−0.300***	−0.245***
		(−5.39)	(−4.70)
Ln（Asset）		0.293***	0.278***
		(28.96)	(28.87)
Ln（FirmAge + 1）		−0.032**	−0.019
		(−2.50)	(−1.59)
MSHD		0.033	0.031
		(1.48)	(1.46)
NSOE		0.028	0.003
		(1.03)	(0.11)
Dual		0.061***	0.032
		(2.74)	(1.51)
Ratio_IDs		−0.376***	−0.421***
		(−2.77)	(−3.22)
Ln（PerGDP）			0.342***
			(15.43)
Ln（AQI）			−0.172***
			(−7.23)
Industry FE	YES	YES	YES
N	17689	17109	16588
Adj. R^2	0.169	0.374	0.419

注：***、**、*分别表示估计系数在0.01、0.05、0.1水平上显著，标准差经过城市 cluster 调整。

4.5.2 检验基于代理理论的替代性解释

基于代理理论的企业薪酬观认为，高管可以利用自身权利在企业薪酬设计中谋取私利，导致高管薪酬提升，即较高的薪酬是管理层代理问题的体现（Bebchuk 等，2002；Bebchuk 和 Fried，2003）。本书第三章的研究发现，公众环境风险认知所引发的冲击，会降低高污染地区独立董事人数以及比例。一般而言，独立董事制度是企业治理的重要组成，随着董事会独立性的下降，管理层代理问题可能会更加严重。此外，公众环境风险认知实际上导致了在高污染地区工作的高管承受更大的工作成本，而高管为了补偿成本，可能会背离股东利益，追求更高的薪酬待遇。

虽然本章在实证回归中控制了独立董事比例等反映企业治理结构的变量，但还不足以排除基于管理层代理问题的替代性解释。高管持股增加了管理层与股东之间利益的一致性，减少了管理层谋取私利的动机（Jensen 和 Meckling，1976）。同时，高管持股减弱了高管对现金薪酬的依赖，即高管所持有股票的资本利得与红利可能是更重要的收入来源。如果公众环境风险认知与高管薪酬之间的关系是管理层代理问题的表现，那么，公众环境风险认知所引发的管理层代理问题会被管理层持股减弱，因此，可以预期，在管理层持股（$MSHD = 1$）时，公众环境风险认知与高管薪酬之间的关联应较弱。为了检验这一基于代理理论的预期，本章构建了如下模型：

$$LnPay = \alpha_0 + \alpha_1 Treat + \alpha_2 Post + \alpha_3 Treat \times Post + \alpha_4 Treat \times MSHD + \alpha_5 Post \times MSHD + \alpha_6 Treat \times Post \times MSHD + \sum ControlVars + \varepsilon \tag{4.5}$$

模型 4.5 在模型 4.1 的基础上，加入了 Treat、Post 与 MSHD 三次交互项，以此检验管理层持股对公众环境风险认知与高管薪酬之间关系的影响，基于代理理论的替代性解释预期，三次交互项的系数应当显著为负。表 4 - 10 展示了检验结果，其中三次交互项的系数在第（1）栏、第（2）栏中为正，而在第（3）栏中为负，且均不显著，这与基于代理理论的预期相矛盾，因此，本章可以排除代理理论对公众环境风险认知与企业薪酬行为之间关系的替代性解释。

表 4 – 10　　进一步分析：检验基于代理理论的替代性解释

	(1)	(2)	(3)
	LnPay		
Treat	– 0. 171 ***	– 0. 152 ***	– 0. 110 ***
	(– 3. 37)	(– 3. 72)	(– 2. 73)
Post	0. 443 ***	0. 294 ***	0. 135 ***
	(15. 24)	(11. 17)	(4. 79)
Treat × Post	**0. 075 ***	**0. 066 ***	**0. 106 ***
	(1. 90)	**(1. 99)**	**(3. 18)**
MSHD	0. 268 ***	0. 259 ***	0. 200 ***
	(5. 87)	(5. 69)	(4. 70)
Treat × MSHD	0. 048	0. 010	0. 065
	(0. 74)	(0. 19)	(1. 28)
Post × MSHD	– 0. 109 ***	– 0. 081 **	– 0. 059 *
	(– 2. 83)	(– 2. 46)	(– 1. 83)
Treat × Post × MSHD	0. 025	0. 029	– 0. 005
	(0. 46)	(0. 62)	(– 0. 11)
ROA		2. 026 ***	1. 879 ***
		(13. 40)	(12. 85)
Lev		– 0. 274 ***	– 0. 222 ***
		(– 4. 93)	(– 4. 28)
Ln (Asset)		0. 288 ***	0. 274 ***
		(28. 75)	(28. 70)
Ln (FirmAge + 1)		– 0. 021 *	– 0. 010
		(– 1. 65)	(– 0. 84)
MSHD		– 0. 120 ***	– 0. 103 ***
		(– 3. 91)	(– 3. 58)
NSOE		0. 024	– 0. 001
		(0. 92)	(– 0. 02)

续表

	（1）	（2）	（3）
		LnPay	
Dual		0. 044 **	0. 019
		（1. 98）	（0. 87）
Ratio_IDs		− 0. 358 ***	− 0. 406 ***
		（− 2. 69）	（− 3. 15）
Ln（*PerGDP*）			0. 334 ***
			（15. 23）
Ln（*AQI*）			− 0. 169 ***
			（− 7. 14）
Industry FE	YES	YES	YES
N	17692	17109	16588
Adj. R²	0. 136	0. 384	0. 426

注：*** 、** 、* 分别表示估计系数在 0. 01、0. 05、0. 1 水平上显著，标准差经过城市 cluster 调整。

4.6　本章结论与启示

公众对 PM2. 5 环境风险的认知，会弱化空气质量较差地区的人才吸引力，进而增加企业聘用高级管理人员的成本。薪酬安排是高管聘用合约的重要内容，也是激励高管恪尽职守的重要工具。本章以高管薪酬为研究对象，探讨了企业如何通过高管薪酬安排增加自身的人才吸引力，以此对冲空气污染的负面作用。利用公众环境风险认知提升这一背景，来探讨区域人才吸引力与企业行为之间的关系，具有以下独特优势：首先，区域环境质量在时间序列上比较稳定，且存在惯性，相关研究很难排除内生性而直接观察环境质量变化在区域劳动力市场方面的经济后果；同时，PM2.5 是构成雾霾的主要物质，自 2011 年公众认知该污染物后，高污染地区的 PM2.5 含量成为了社会舆论的重要关注，具有很强的社会心理冲击作用；此外，通过空气质量数据的分析可知，公众在 2011 年对 PM2.5 认知改变的前后期间，空气质量并没有发生明显变化，这为研究因果关系提供了干净的背景。

　　本章以中国沪深 A 股上市公司为研究样本，选择公众环境风险认知前后各五年，即 2007—2016 年为研究区间，通过双重差分模型实证检验了，公众对 PM2.5 环境风险的认知改变如何影响企业的高管薪酬安排。本章研究发现：第一，面临环境风险认知的冲击，位于空气污染较为严重地区的企业会增加高管薪酬水平，以此来增加自身吸引管理人才的能力，弥补环境污染对区域人才吸引力的负面作用；第二，企业产权属性对环境风险认知与高管薪酬之间的关系起到了调节作用，相对于国有企业，民营企业的薪酬制度更加灵活，且对经营环境的变化更加敏感，因此，民营企业的产权属性强化了环境风险认知冲击对高管薪酬的提升作用；第三，竞争对手对人才市场的竞争也会起到调节作用，当企业所面临的行业市场竞争较为激烈时，以及企业所面临的来自于空气质量更好城市的同业者竞争较为激烈时，环境风险认知对高管薪酬的提升作用更为显著；第四，稳健性研究先后使用秦岭—淮河南北为分界线区分实验组与对照组城市，去除事件发生当年样本以及安慰剂检验这两种检验方式，确保了研究结论的稳健性；第五，在进一步研究中，一方面，本章探讨了，环境风险认知与高管薪酬业绩敏感性的关系，其结果表明，环境风险认知会增加高污染地区中企业的高管薪酬业绩敏感性，但证据的统计显著性较低，另一方面，本章排除了基于管理层代理理论的替代性解释。

　　本章研究系统检验了公众环境污染认知如何影响微观企业的薪酬安排，研究结论具有重要的理论价值。首先，本章研究结论丰富了区域人才流动影响因素的文献。现有文献对自然环境与人才流动之间关系的探讨较少，而当前以雾霾为代表的空气污染受到了广泛关注，对人才流动有着深刻的现实影响；同时，本章以企业薪酬安排为研究对象，丰富了区域人才流动对企业层面经济后果影响的探讨。本章研究的启示如下。一方面，人才是企业发展的关键和核心竞争力，企业应当利用包括薪酬安排在内的方法，积极吸引人才，储备人才，为企业发展提供人才基础；另一方面，环境问题本质上是公共社会问题，环境污染所造成的人才流失恶化了企业经营环境，因此，政府应当重视环境保护，大力发展环境友好型产业，并实施积极的人才吸引政策，以此缓解企业所面临的人才短缺困境。

公众环境风险认知、人才吸引与
企业盈余管理

5.1　引言

　　员工在企业中追求的权益可以分为显性权益与隐性权益。一般而言，显性权益指的是工作地点、工作内容以及薪酬水平等内容，这些由企业与员工之间的聘用合同所规定；隐性权益指的是未被聘用合同明文规定，但对员工行为有重要激励作用的权益（Cornell and Shapiro，1987），诸如公司文化、工作稳定性以及职业发展预期等内容。企业是否能提供给员工稳定且有前途的工作，是关系到职工隐性权益获得的重要问题，直接影响并决定了企业能否获得并维持其经营发展所需的关键人才资源。

　　盈余管理具有信号作用，企业通过向上盈余管理进行财务粉饰可以向现有员工或潜在员工传递积极信号，例如，该企业发展良好，可为员工提供稳定且有前途的工作，这些信号增加了企业对人才的吸引力。现有研究也表明，企业给予员工的显性权益与隐性权益之间具有替代性，企业通过调整会计选择来美化财务报告，确实可以降低员工招聘的成本（Burgstahler and Dichev，1997；Matsumoto，2002；Cheng and Warfield，2005）。

　　自然环境质量是影响区域范围内人才吸引力的重要因素。依据解释人口迁移的推拉理论，人口流动的首要目的是改善生活条件，流入地的那些有利于改善生活条件的因素就成为拉力，而流出地的不利的生活条件就是推力。糟糕的自然环境，例如严重的空气污染，会降低一个区域的吸引力，增加该区域企业招聘员工的成本。为了降低招聘中的显性成本，可能会更加强调员工在企业中的隐性权益。因此，本章将探讨，在环境因素所导致的区域人才吸引力下降的背景下，企业是否会通过盈余管理来美化财务报表，以提升自身对人才的吸引力。同时，考虑到自然环境状况具有惯性，很难在短时间内发生大幅变化，因此，本章借助公众对环境风险的认知来替代真实的环境变化。可以预期，公众对重要空气污染物 PM2.5 及其危害的认知会显著弱化高污染地区的人才吸引力，进而引发该区域企业通过盈余管理来粉饰财务报表的行为。

在 2011 年末，中国民众开始认知到，在日常呼吸的空气中存在较高浓度的直径小于 2.5 微米的颗粒物，并将其称为 PM2.5。PM2.5 能较长时间悬浮于空气中，是形成雾霾天气的首要成因。同时，由于其表面积大、活性强，易于携带有毒和有害物质（如重金属、微生物等），容易引发心血管、呼吸道，甚至癌症等疾病。尽管较高浓度的 PM2.5（雾霾现象）在 2011 年之前的很长时间里就已存在，但公众并没有认识到这一问题。本书使用 PM2.5 这一关键词，利用百度搜索引擎查找中文网页以及百度指数（类似国外的谷歌搜索引擎）后发现，在 2011 年底之前，PM2.5 并未受到大众关注，而在 2011 年底之后，PM2.5 的搜索频率急剧提升。这表明，中国民众从 2011 年底开始认知到，在其日常呼吸的空气中存在对身体有毒害的细颗粒物质（PM2.5）。之所以借助公众对 PM2.5 环境风险的认知来探讨区域人才吸引力与企业盈余管理之间的关系，是因为这一背景具有独特优势：首先，区域环境质量在时间序列上比较稳定，相关研究很难排除内生性而直接观察环境质量变化对区域劳动力市场方面的经济影响；同时，PM2.5 是造成雾霾的主要物质，自 2011 年公众认知该污染物后，高污染地区的

PM2.5 含量成为了社会舆论的重要关注，具有很强的社会心理冲击作用；此外，通过空气质量数据的分析可知，公众在 2011 年对 PM2.5 认知改变的前后期间，空气质量并没有发生明显变化，这为研究因果关系提供了干净的背景。

本章选择公众环境风险认知前后五年，即 2007—2016 年为研究区间，以中国沪深 A 股上市公司为样本，通过双重差分模型实证检验了公众环境风险认知对企业盈余管理行为的影响。本章的研究发现：（1）在公众环境风险认知的冲击下，相对于低污染地区，高污染地区的企业为了吸引人才，会增加正向盈余管理的幅度，达到粉饰财务报表的目的；（2）本章进一步进行了平行趋势检验，以确保双重差分模型符合平行性假定的前提条件。平行性假设检验的结果显示，实验组与对照组在事件发生之前的变动规律保持一致，而在事件冲击之后发生了显著差异，这符合平行性假定的要求；（3）企业特征与市场竞争起到了重要的调节作用。当企业支付给职工的薪酬较低、企业为民营企业，以及企业所处人才市场的竞争更加激烈时，公众环境风险认知对企业盈余管理行为的影响更为显著；（4）为提高稳健性，本章使用秦岭—淮河南北为分界线重新区分了实验组与对照组城市、去除事件发生当年样本以及开展安慰剂检验。在进行上述三方面的稳健性检验后，结论保持不变；（5）在进一步研究中，本章排除了基于管理层代理理论的替代性解释。

本章可能的贡献有：（1）将公众环境风险认知、区域人才吸引力与企业盈余管理行为纳入统一的分析框架，从人才吸引的角度系统地研究了公众环境风险认知与企业盈余管理之间的关系，并进一步考察了企业特征、行业与区域竞争环境的调节作用。其在揭示公众环境风险认知如何作用于微观企业人才吸引行为的同时，也为理解环境污染与经济发展之间的关系提供了新的视角。（2）从人才吸引的角度，丰富了企业盈余管理影响因素的研究，以及利益相关者如何影响企业行为的研究（Bowen 等，1995；Burgstahler 和 Dichev，1997；Matsumoto，2002；Cheng 和 Warfield，2005；Dou 等，2016）。盈余管理往往被认为是操纵财务数据、欺骗投资者的行为，然而本章研究表明，基于盈余管理的财务粉饰可以作为吸引企业所需人才的策略，以降低区域人才吸引力下降的负面冲击。（3）引入公众环境风险认知这一外生冲击因素，有助于更有效地研究区域人力资本市场的变动及其经济后果。由于自然环境状况具有延续性，很难在短期内改变，本章使用公众对以 PM2.5 为代表的环境污染物的认知为研究背景，从而巧妙地规避这一问题的干扰，进而为探讨自然环境与劳动力市场之间的关系提供了可靠证据。

5.2　理论分析与研究假设

5.2.1　环境风险认知与企业盈余管理

区域自然环境质量是吸引人才的重要因素，环境污染往往伴随着区域人口的流出，降低了该区域企业所能获得的人力资源。根据"环境库兹涅茨曲线"的推论，随着国民收入水平的提升，人们将更加重视现在与未来的生活环境（Chavas，2004）。公众在 2011 年开始认识到了空气主要污染物 PM2.5 的存在，并引发了广泛的社会舆论。这一冲击将显著降低高污染地区的人才吸引力，同时，在高污染地区的企业也会因此负担更高的人才搜寻成本以及聘用成本。

企业可以为职工提供显性权益以及隐性权益。当人才搜寻与聘用的显性成本提高时，为了降低总成本，企业往往会承诺增加职工的隐性权益。通过上调盈余管理来粉饰财务报告，可以承诺企业未来稳定与良好发展的规划，从而有利于提升职工的隐性权益，进而增加企业的人才吸引力。现有文献对盈余管理与员工聘用之间的关系进行了检验。例如，Bowen 等（1995）发现，如果企业对劳动力依赖程度较高，则更会使用正向的盈余管理。Burgstahler 和 Dichev（1997）发现，降低职工聘用成本是企业进行盈余管理的重要原因。Matsumoto（2002）、Cheng 和 Warfield（2005），以及 Zechman（2010）的研究发现，企业管理层为了增加员工的隐性权益，会主动进行盈余管理活动来调整财务报告。此外，Dou 等（2016）以美国员工失业保险为研究背景构建外生冲击实验，通过构造双重差分模型发现，当员工得到失业保险的保护时，企业倾向于降低操作性应计盈余，提高会计稳健性，以及增加下调收益的财务重述行为。这一发现与财务报告粉饰可以吸引员工留任，增加员工忠诚度的理论预期一致。同时，Gao 等（2018）以防止商业机密泄露法案为背景，探讨了员工跳槽与企业盈余管理之间的关系，实证研究发现，美国的防止商业机密泄露法案通过之后，企业可以以保护商业机密不被泄露为名限制员工的跳槽。这使得企业通过粉饰财务报告留住人才的需求变小，故而进行正向盈余管理来美化财务报表的行为动机相应减弱。

考虑到正向盈余管理可以作为企业吸引人才的重要手段，当公众环境风险认知造成高污染地区人才吸引力下降时，企业更有可能使用正向盈余管理来粉饰财务报告，进而通过提升自身的人才吸引能力来弱化宏观因素的不利影响。

综上，本章提出假设 1：

假设 1：公众对环境风险的认知增强了位于高污染地区的企业通过粉饰财务报告来吸引人才的动机。具体表现为，在公众环境风险认知增强后，相对于低污染地区，高污染地区的企业会进行更多的正向盈余管理。

5.2.2　企业特征与人才市场竞争的调节作用

薪酬是企业支付给员工的显性权益，其与良好的工作环境、可预期的职业发展前景等隐性权益之间形成互补关系。薪酬激励理论认为，较高的薪酬水平可以提高企业现有员工转换工作时的机会成本（Shapiro 和 Stigliz，1984），并有利于企业吸引更多的潜在员工。因此，当企业支付给职工的薪酬水平较高时，企业对劳动力市场的变动并不敏感。相反，如果支付的薪酬水平较低，企业中员工转换工作的成本就会下降，在劳动力市场发生变动时，企业更容易发生员工大量流动的现象。

相对于民营企业，国有企业一般具有更大的资产规模和更多的社会资源，并可以为职工提供与企业岗位相对应的行政级别权益。因此，国有企业中员工黏性较强，而民营企业的员工黏性较弱。同时，国有企业承担了更多的社会责任，而民营企业可以专注于业绩发展，因此，民营企业可以根据经营业绩自由增减员工，对人力资本市场更加敏感，而国有企业负担有社会稳定、就业保障等社会责任，无法自由增减员工，对人力资本市场并不敏感。

公众环境风险认知会造成区域劳动力市场的变化，减弱高污染地区的人才吸引力。如果企业对这种变化更加敏感，则会更大幅度地实施向上盈余管理，通过粉饰财务报表来增加企业自身对人才的吸引力。考虑到职工薪酬水平较低时，以及产权为民营企业时，企业对劳动力市场变化更加敏感，本章可以预期，公众环境风险认知对企业财务粉饰行为的促进作用，在职工薪酬较低以及产权为民营企业时更为显著。

企业面临着同行业或同地区企业的市场竞争。激烈的同行业市场竞争往往要求企业具备更强的创新能力，而人才是创新的基础，同行业企业间的市场竞争将最终转化为对人才的争夺。同时，考虑到同行业企业分布在不同的城市，而不同城市的空气质量并不相同，如果同行业的企业多位于空气质量较好的城市，则企业优秀员工更容易被同行吸引走。因此，可以预期，当企业所处行业的市场竞争较为激烈时，或者企业所在行业的其他企业多位于空气质量较好的城市时，公众环境风险认知所带来的劳动力市场变动，会更加显著地促使企业通过盈余管理来增加企业自身的人才吸引力。

综上，本章提出假设 2 与假设 3 如下：

假设 2：当企业支付给职工的薪酬水平较低时，以及企业为民营企业时，环境风险认知对企业财报粉饰行为的影响更为显著。

假设 3：当行业竞争较为激烈时，以及同行业在空气质量较好地区的企业数量较多时，环境风险认知对企业财报粉饰行为的影响更为显著。

5.3　研究设计

5.3.1　样本选择与数据来源

本章选择 2007—2016 年 A 股上市公司作为初始研究样本。之所以选择 2007—2016 年为样本区间，是考虑到公众对 PM2.5 污染风险的认知发生在 2011 年底，为了方便构建双重差分模型，保留事件的前五年（即 2007—2011 年）以及事件的后五年（即 2012—2016 年）。由于金融类上市公司的财务报告与经营方式与其他行业上市公司明显不同，按照研究惯例，本章删除了金融类上市公司。在删除模型中缺失变量的样本后，共得到 14744 个企业年度观测值。此外，本章所用数据除各城市 PM2.5 数据来自环保部以及各城市环保局，其他企业财务数据来源于 CSMAR 数据库。数据整理与统计分析使用了 STATA 软件。

5.3.2　变量定义与模型设计

本章参照 Dechow 等（1995）的研究，使用调整后的 Jones 模型来计算可操纵性应计利润。首先，分行业、分年度对如下模型

5.1 进行回归，得到相应系数。

$$TA_t/Asset_{t-1} = \alpha_1(1/Asset_{t-1}) + \alpha_2(\Delta REV_t/Asset_{t-1})$$
$$+ \alpha_3(PPE_t/Asset_{t-1}) + \varepsilon \tag{5.1}$$

其中，TA 是企业总应计利润，其值等于营业利润与经营活动产生的现金净流量之差；ΔREV 为企业当年销售收入与上年销售收入之差；PPE 为企业固定资产。同时，上述变量均通过除以年初企业总资产（$Asset$）进行标准化。在对模型 5.1 进行分行业、分年度回归时，本书使用中国证券监督管理委员会（CSRC）行业分类方法，其中制造业选用首位编码，非制造业选用前两位编码。此外，为了保证模型回归的有效性，本书参照现有文献，要求每一个行业—年度至少有 10 个样本。接下来，将模型 5.1 得到的各行业、各年度分组回归的系数代入如下模型 5.2。

$$NA_t = \hat{\alpha}_1(1/Asset_{t-1}) + \hat{\alpha}_2(\Delta REV_t/Asset_{t-1} - \Delta REC_t/Asset_{t-1}) +$$
$$\hat{\alpha}_3(RPE_t/Asset_{t-1}) + \varepsilon \tag{5.2}$$

其中，ΔREC 为企业年末应收账款与年初应收账款之差。通过模型 5.2 估计得到非操作性应计利润（NA），总应计利润与其差值即为可操作性应计利润，即企业盈余管理部分（EM）。其数值越大，表明企业的正向盈余管理程度越高。

为了检验公众环境风险认知对企业盈余管理行为的影响，本章构建了双重差分模型，可以有效地排除时间趋势的影响，明确因果关系。通过对比对照组与实验组在公众对 PM2.5 污染的环境风险认知前后的差异，来检验公众环境污染认知对企业盈余管理行为的影响作用。具体模型如下：

$$EM = \alpha_0 + \alpha_1 Treat + \alpha_2 Post + \alpha_3 Treat \times Post + \sum ControlVars$$
$$+ \varepsilon \tag{5.3}$$

模型中，被解释变量（EM）为企业的盈余管理指标，其值越大代表企业正向盈余管理程度越高。解释变量 $Treat$ 是虚拟变量，当 2011 年企业所在城市的环境质量指数（Air Quality Index）高于样本中位数时，即空气质量较差时，取值为 1，否则为 0。解释变量 *Post* 是虚拟变量，在公众对 PM2.5 污染危害的认知发生之后，即 2012—2016 年间，取值为 1，在环境风险认知发生之前，即 2007—2011 年间，取值为 0。

Treat 与 *Post* 的交互变量的系数是本章关注的重点。其系数大小表示，相对于对照组（空气污染较少地区），实验组（空气污染较严重地区）中企业盈余管理幅度的变化。双重差分模型的设计可以排除与事件冲击同时发生的宏观经济因素变动的影响，有利于更好地识别公众环境风险认知与企业盈余管理之间的因果关系并理解实际经济含义。

同时，本章控制了一系列与企业盈余管理以及公众环境风险认知相关的控制变量，包括企业经营与治理变量［*ROA*、*Lev*、Ln（*Asset*）、Ln（*FirmAge* + 1）、*ST Firm*、*Dual*、*Ratio_IDs*］、企业审计相关变量［*Big*4、Ln（*AuditFee*）、*Opinion*］，以及城市空气质量指数［Ln（*AQI*）］。其中，*ROA* 是企业总资产净利率，即企业当年息税后净利润与年末总资产之比；*Lev* 是企业财务杠杆指数，即年末总负债与年末总资产之比；Ln（*Asset*）是企业规模，即年末总资产的自然对数；Ln（*FirmAge* + 1）是企业上市年数，其值等于企业上市年数加 1 后的自然对数；*ST Firm* 是虚拟变量，表示是否企业股票在当年证券市场中被特殊处理，如果为特殊处理股票，则取值为 1，否则为 0；*Dual* 是虚拟变量，如果当年企业的董事长与 CEO 由同一人担任，则为 1，否则为 0；*Ratio_IDs* 是企业独立董事占比，其值等于董事会中独立董事人数与董事会总人数之比；*Big*4 是虚拟变量，如果当年企业聘请的会计事务所为国际四大行，则取值为 1，否则为 0；Ln（*AuditFee*）是企业当年支出的审计费用的自然对数；*Opinion* 是虚拟变量，当会计事务所为企业年度报告提供的审计意见为标准无保留意见时，其取值为 1，否则为 0。

Ln（*AQI*）是企业总部所在城市空气质量指数 AQI 的自然对数。本章研究的是公众认知对企业人才吸引的影响，因此在模型中控制了空气质量指数，以排除该区域空气质量变化对结论的干扰。

此外，本章回归模型控制了行业固定效应。考虑到实验组与对照组的区分是以城市为基础的，本章对回归系数标准误差进行了城市层面的聚类调整（Cluster by city），以减弱序列相关性的影响，得到更为稳健的结果。同时，为了弱化极端值对结果的影响，本章对连续变量进行了上下 1% 的 Winsorize 处理。具体变量定义见表 5 - 1。

表 5 - 1   变量定义

变量名称	变量定义
EM	盈余管理衡量指标，其值越大，代表向上盈余管理程度越大，或者向下盈余管理程度越小。
Treat	虚拟变量：当企业所在城市 2011 年的空气质量指数（AQI）高于中位数时，即空气污染较为严重时，其值为 1，否则为 0。
Post	虚拟变量：在 2012—2016 年间，其值为 1；在 2007—2011 年间，其值为 0。
Lower Worker Salary in 2011	虚拟变量：当企业 2011 年度平均职工薪酬低于同行业中位数时，其值为 1，否则为 0。
Non - SOE in 2011	虚拟变量：当企业 2011 年度的产权属性为民营企业时，取值为 1，否则为 0。
Lower Industry HHI in 2011	虚拟变量：当企业所处行业在 2011 年的赫芬达尔指数低于样本中位数时，即行业竞争较为激烈时，其值为 1，否则为 0。
Clean City Rivals in 2011	虚拟变量：在 2011 年，当其他城市（相较于企业所在城市，空气质量更好的城市）的同业者数量与同业者总数量之比，高于样本中位数时，取值为 1，否则为 0。
ROA	企业总资产收益率：息税后净利润与年末总资产之比。

续表

变量名称	变量定义
Lev	财务杠杆:年末总负债与年末总资产之比。
Ln (Asset)	企业规模:企业年末总资产的自然对数。
Ln (FirmAge + 1)	企业上市年龄:企业上市年数加 1 后的自然对数。
ST Firm	虚拟变量:如果企业连续两年发生亏损,其值为 1,否则为 0。
Dual	虚拟变量:如果企业董事长与 CEO 由同一人担任,其值为 1,否则为 0。
Ratio_IDs	独立董事比例:企业独立董事人数与董事会人数之比。
Big4	虚拟变量:如果当年企业聘请的会计事务所为国际四大行,取值为 1,否则为 0。
Ln (AuditFee)	企业当年支出的审计费用的自然对数。
Opinion	虚拟变量:当会计事务所为企业年度报告提供的审计意见为标准无保留意见时,取值为 1,否则为 0。
Ln (AQI)	企业总部所在城市空气质量指数 AQI 的自然对数。空气质量指数来源于中国环保部与地方环保局。

为了检验企业职工薪酬水平、产权属性以及行业、区域的人才竞争压力对公众环境风险认知与企业盈余管理行为之间关系的调节作用,本章构建了如下模型:

$$EM = \alpha_0 + \alpha_1 Treat + \alpha_2 Post + \alpha_3 Treat \times Post + \alpha_4 Treat \times \Phi + \alpha_5 Post \times \Phi + \alpha_6 Treat \times Post \times \Phi + \sum ControlVars + \varepsilon \quad (5.4)$$

模型 5.4 在模型 5.3 的基础上,加入了三次交互项,以此检验职工薪酬水平、产权属性以及行业、区域的人才竞争压力对公众环境风险认知与企业盈余管理行为之间关系的调节作用。具体调节变量包括:表示企业职工薪酬水平高低的虚拟变量(Lower Worker Salary in 2011)、表示产权属性的虚拟变量(Non – SOE in 2011)、表示行业竞争强弱的虚拟变量(Lower Industry HHI in 2011),以及表示区域竞争强弱的虚拟变量（*Clean City Rivals in* 2011）。其中，当企业在 2011 年平均职工薪酬低于同行业中位数时，*Lower Worker Salary in* 2011 取值为 1，否则为 0；当企业在 2011 年的产权属性为民营企业时，*Non - SOE in* 2011 取值为 1，否则为 0；当企业所处行业在 2011 年的赫芬达尔指数（Herfindahl - Hirschman Index）低于样本中位数时，即行业竞争较为激烈时，*Lower Industry HHI in* 2011 取值为 1，否则为 0；此外，在 2011 年，当其他城市（相较于企业所在城市，空气质量更好的城市）的同业者数量与同业者总数量之比，高于样本中位数时，即企业面临环境更好的城市中同业者竞争的压力较大时，*Clean City Rivals in* 2011 取值为 1，否则为 0。

模型 5.4 与基础模型 5.3 中控制变量保持一致，具体变量定义见表 5 - 1，同时，对回归系数标准误差进行了城市层面的聚类调整（Cluster by city），以减弱序列相关性的影响，并对连续变量进行了上下 1% 的缩尾处理。

5.3.3　描述统计与分析

表 5 - 2 对基本模型涉及的主要变量进行了描述性统计。变量 *EM* 的平均值和中位数分别为 0.026 和 0.023。同时，下 1/4 分位值为 - 0.023，上 1/4 分位值为 0.073。此外，变量 *EM* 的标准差为 0.098，由此可见，样本企业间盈余管理幅度的差异较大。变量 *Treat* 的平均值为 0.498，标准差为 0.5；*Post* 的平均值为 0.660，标准差为 0.474。对于控制变量而言，描述性统计显示，样本企业总资产净利率（*ROA*）的平均值 0.036，标准差为 0.061；财务杠杆（*Lev*）的平均值 0.465，标准差为 0.234；企业总资产的自然对数 [Ln（*Asset*）] 的平均值（中位数）为 21.941（21.802）；ST 公司占总样本的 2.5%；董事长与 CEO 两职合一的样本占总样本的 21.9%；企业独立董事占比的平均值为 37.2%；一般而言，

有 5.7% 的样本企业聘请国际四大事务所进行财务审计，且样本企业审计费用自然对数的平均值为 13.46；对于绝大部分（95.5%）企业而言，审计意见为标准无保留意见；此外，企业总部所属城市的空气质量指数 AQI 的自然对数平均值为 4.398。

表 5 – 2　　　　　　主要变量的描述性统计

变量	Mean	StdDev	P25	Median	P75
EM	0.026	0.098	– 0.023	0.023	0.073
Treat	0.498	0.500	0.000	0.000	1.000
Post	0.660	0.474	0.000	1.000	1.000
ROA	0.036	0.061	0.013	0.035	0.064
Lev	0.465	0.234	0.284	0.458	0.628
Ln（Asset）	21.941	1.297	21.036	21.802	22.710
Ln（FirmAge + 1）	2.186	0.749	1.609	2.398	2.773
ST Firm	0.025	0.156	0.000	0.000	0.000
Dual	0.219	0.414	0.000	0.000	0.000
Ratio_IDs	0.372	0.059	0.333	0.333	0.428
Big4	0.057	0.233	0.000	0.000	0.000
Ln（AuditFee）	13.460	0.636	13.017	13.362	13.795
Opinion	0.955	0.207	1.000	1.000	1.000
Ln（AQI）	4.398	0.339	4.159	4.369	4.612

5.4　实证检验与结果分析

5.4.1　环境风险认知与企业盈余管理

表 5 – 3 展示了公众对 PM2.5 污染风险的认知对企业盈余管理行为的影响。在第（1）—（3）栏中，被解释变量为企业盈余管

理水平（*EM*）。其中，第（1）栏没有加入控制变量，第（2）栏增加了一系列与企业特征相关的控制变量，而第（3）栏在增加了企业特征控制变量的基础上，又增加了企业所处城市的空气质量指数。由结果可知，不管是否增加控制变量，核心变量 *Treat* 与 *Post* 的交互项系数始终为正，且除第（1）栏为 5% 水平上显著外，其他两栏均在 1% 水平上显著。以第（3）栏为例，*Treat* 与 *Post* 的交互项系数为 0.019，说明相对于对照组（空气质量较好地区），实验组（空气质量较差地区）中企业在受到公众环境风险认知冲击后，更倾向于采用上调盈余管理方式来粉饰财报。

综合表 5-3 结果，可以发现，随着公众对 PM2.5 环境风险的认知加深，企业更倾向于使用向上盈余管理来粉饰财务报表。其中逻辑在于，公众对环境风险的认知导致了空气污染严重地区的人才吸引能力下降，而企业则通过上调盈余管理程度来增加自身的吸引力，以弥补空气污染所造成的人才流失。这表现为，在环境风险认知改变冲击之后，相对于对照组，实验组中企业增加了向上的盈余管理，或者减少了向下的盈余管理。

表 5-3 公众环境风险认知与企业盈余管理

	（1）	（2）	（3）
	EM		
Treat	-0.005*	-0.007**	-0.009**
	(-1.79)	(-2.08)	(-2.50)
Post	-0.009***	-0.012***	-0.014***
	(-3.99)	(-4.33)	(-4.79)
Treat × Post	**0.015****	**0.018*****	**0.019*****
	(2.53)	**(2.67)**	**(2.78)**
ROA		0.409***	0.406***
		(18.46)	(18.01)

续表

	(1)	(2)	(3)
		EM	
Lev		-0.022***	-0.021***
		(-3.74)	(-3.47)
Ln (Asset)		0.007***	0.007***
		(5.50)	(5.57)
Ln (FirmAge + 1)		-0.008***	-0.009***
		(-5.77)	(-5.86)
ST Firm		-0.006	-0.006
		(-1.08)	(-1.12)
Dual		0.005**	0.005**
		(2.16)	(2.12)
Ratio_IDs		-0.002	-0.002
		(-0.16)	(-0.11)
Big4		-0.019***	-0.019***
		(-4.70)	(-4.71)
Ln (AuditFee)		-0.009***	-0.009***
		(-3.80)	(-3.88)
Opinion		0.023***	0.023***
		(4.48)	(4.25)
Ln (AQI)			0.006**
			(2.29)
Industry FE	YES	YES	YES
N	16308	15133	14744
Adj. R^2	0.023	0.128	0.126

注：***、**、*分别表示估计系数在 0.01、0.05、0.1 水平上显著，标准差经过城市 cluster 调整。

双重差分模型行之有效的重要前提是，实验组与对照组在事件冲击之前保持同步变化。如果在事件冲击之前，实验组与对照组的变化趋势已经产生差异，这表明研究选取的实验组与对照组存在系统性差异，以此为基础的双重差分检验并不能保证回归结果能够准确识别事件本身的经济后果。具体到本章而言，平行性假定要求：公众对环境风险认知改变之前，在空气质量较好的对照组与空气质量较差的实验组企业中，盈余管理幅度的年度变化呈现相似趋势。

为了检验双重差分模型是否满足平行性假定，本章参照 Kacperczyk（2010）的研究方法，构建了如下回归模型。

$$EM = \alpha_0 + \alpha_1 Treat \times Year2008 + \alpha_2 Treat \times Year2009 + \alpha_3 Treat \times Year2010 + \alpha_4 Treat \times Year2011 + \alpha_5 Treat \times Year2012 + \alpha_6 Treat \times Year2013 + \alpha_7 Treat \times Year2014 + \alpha_8 Treat \times Year2015 + \alpha_9 Treat \times Year2016 + \alpha_{10} Treat + \sum YearDummy + \sum ControlVars + \varepsilon \quad (5.5)$$

被解释变量为企业盈余管理水平（EM）。解释变量为连续九个年度虚拟变量：$Year2008$、$Year2009$、$Year2010$、$Year2011$、$Year2012$、$Year2013$、$Year2014$、$Year2015$、$Year2016$，以及它们与 $Treat$ 变量之间的交互项。上述年份虚拟变量与 $Treat$ 交互项的系数大小及显著性是平行性检验关心的重点。根据研究假设，$Year2008$、$Year2009$、$Year2010$、$Year2011$ 与 $Treat$ 的交互项应不显著，而 $Year2012$、$Year2013$、$Year2014$、$Year2015$、$Year2016$ 与 $Treat$ 的交互项应至少存在显著性。

表 5 – 4 展示了平行性假定检验的结果，$Year2008$—$Year2011$ 与 $Treat$ 乘积项的回归系数均不显著，说明在公众环境风险认知改变之前的年份，实验组与对照组中盈余管理水平呈现相似的变动趋势；而 $Year2012$—$Year2016$ 与 $Treat$ 乘积项的回归系数显著为正，说明在公众认识到污染的危害后，高污染地区的企业提升了正向盈余管理的幅度。上述结果通过了平行性假设检验。

表 5 - 4   平行性假定检验

	(1)	(2)	(3)
	EM		
Treat × 2008_Year	0.013	0.011	0.012
	(1.17)	(1.07)	(1.13)
Treat × 2009_Year	0.011	0.014	0.015
	(1.18)	(1.36)	(1.49)
Treat × 2010_Year	0.013	0.015	0.015
	(1.43)	(1.49)	(1.50)
Treat × 2011_Year	0.013	0.015	0.016
	(1.45)	(1.51)	(1.53)
Treat × 2012_Year	0.019 **	0.020 **	0.022 **
	(2.29)	(2.29)	(2.41)
Treat × 2013_Year	0.020 **	0.023 ***	0.026 ***
	(2.40)	(2.62)	(2.74)
Treat × 2014_Year	0.016 **	0.018 **	0.020 **
	(2.01)	(2.04)	(2.16)
Treat × 2015_Year	0.024 ***	0.025 ***	0.027 ***
	(2.86)	(2.79)	(2.87)
Treat × 2016_Year	0.023 ***	0.025 ***	0.027 ***
	(2.74)	(2.81)	(2.88)
Treat	− 0.016 **	− 0.019 **	− 0.022 ***
	(− 2.31)	(− 2.43)	(− 2.60)
Controls	YES	YES	YES
Time FE	YES	YES	YES
Industry FE	YES	YES	YES
N	16308	15133	14744
Adj. R²	0.046	0.144	0.141

注：*** 、** 、* 分别表示估计系数在 0.01、0.05、0.1 水平上显著，标准差经过城市 cluster 调整。

5.4.2 企业特征与人才市场竞争的调节作用

在上述研究的基础上，本节进一步探讨了企业特征与市场特征对公众 PM2.5 污染物认知与企业盈余管理行为之间关系的调节作用。在企业特征方面，本节将重点讨论职工薪酬高低，以及产权是否为民营企业对其的调节作用。本章的基本逻辑是，在公众对环境风险认知的背景下，高污染地区的人才吸引能力下降，企业使用盈余管理来粉饰报表，进而增加企业自身的吸引力。职工薪酬较高的企业，本身对员工的吸引能力较强，会弱化环境风险认知在区域人才吸引方面的负面作用，即对公众环境风险认知事件的敏感程度较低；相反，职工薪酬较低的企业，则对公众环境风险认知事件的敏感程度较高。因此可以预期，在公众环境风险认知改变后，职工薪酬较低的企业会更大幅度地粉饰财务报表。同时，相较于民营企业，国有企业有更多的社会资源、隐性福利或者与岗位所对等的行政级别权利，其员工黏性更强，因此员工因环境污染事件而离开企业的可能性较小。因此可以预期，在公众环境风险认知改变后，相对于国有企业，民营企业会更大幅度地粉饰财务报表。

表 5 - 5 展示了企业职工薪酬与产权属性特征对公众 PM2.5 污染认知与企业盈余管理行为之间关系的调节作用。其中，第 (1) (2) 栏中调节变量为企业职工薪酬水平（当 2011 年职工薪酬低于行业中位数时，变量 *Lower Worker Salary in* 2011 取值为 1，否则为 0）；第 (3) (4) 栏中调节变量为企业产权属性（当 2011 年企业为民营企业时，变量 *Non - SOE in* 2011 为 1，否则为 0）。调节变量与 *Treat* 和 *Post* 的三次交互项系数是关注的重点。结果显示，第 (1) (2) 栏中三次交互项系数均为正，且分别在 10% 与 5% 水平上显著，这表明，当企业职工薪酬水平较低时，企业更倾向于使用盈余管理粉饰报表，通过提高企业自身人才吸引力来弱化公众环境风险认知造成的高污染区域人才吸引力下降的负面影响。第 (3)

（4）栏中三次交互项系数均为正，且均在5%水平上显著，这表明，在公众环境风险认知的冲击下，相较于国有企业，民营企业更倾向于使用盈余管理粉饰报表来弥补环境风险认知对区域内人才吸引力的不利影响。

表5－5 企业特征的调节作用

	(1)	(2)	(3)	(4)
	$\Phi = Lower\ Worker\ Salary\ in\ 2011$		$\Phi = Non - SOE\ in\ 2011$	
Treat	-0.007	-0.002	-0.005	0.000
	(-1.58)	(-0.51)	(-1.20)	(0.01)
Post	-0.013***	-0.011***	-0.007*	-0.007*
	(-3.10)	(-2.64)	(-1.80)	(-1.79)
Treat × Post	0.006	0.004	0.004	0.003
	(1.16)	(0.93)	(1.07)	(0.74)
Φ	0.007	0.012**	0.016***	0.028***
	(1.49)	(2.55)	(3.19)	(5.73)
Treat × Φ	-0.002	-0.008	-0.008	-0.016**
	(-0.30)	(-1.22)	(-1.17)	(-2.24)
Post × Φ	-0.002	-0.010*	-0.018***	-0.022***
	(-0.38)	(-1.71)	(-3.16)	(-3.81)
Treat × Post × Φ	**0.010***	**0.015****	**0.012****	**0.016****
	(1.86)	**(2.02)**	**(1.98)**	**(2.16)**
ROA		0.413***		0.396***
		(16.96)		(16.47)
Lev		-0.025***		-0.029***
		(-3.91)		(-4.50)
Ln (Asset)		0.007***		0.008***
		(5.42)		(5.63)

续表

	（1）	（2）	（3）	（4）
	Φ = Lower Worker Salary in 2011		*Φ = Non − SOE in 2011*	
Ln（FirmAge+1）		− 0. 008 ***		− 0. 007 ***
		（− 4. 23）		（− 3. 58）
ST Firm		− 0. 003		− 0. 006
		（− 0. 55）		（− 1. 02）
Dual		0. 005 *		0. 005 *
		（1. 94）		（1. 85）
Ratio_IDs		0. 007		0. 005
		（0. 42）		（0. 32）
Big4		− 0. 017 ***		− 0. 019 ***
		（− 4. 02）		（− 4. 53）
Ln（AuditFee）		− 0. 009 ***		− 0. 010 ***
		（− 3. 75）		（− 3. 83）
Opinion		0. 018 ***		0. 021 ***
		（3. 35）		（3. 77）
Ln（AQI）		0. 007 ***		0. 008 ***
		（2. 64）		（2. 72）
Industry FE	YES	YES	YES	YES
N	16308	14744	16308	14744
Adj. R^2	0. 026	0. 126	0. 031	0. 130

注：***、**、*分别表示估计系数在0.01、0.05、0.1水平上显著，标准差经过城市 cluster 调整。

在市场特征方面，本节重点讨论了行业市场竞争压力以及区域市场竞争压力的调节作用。一般而言，人才市场竞争越激烈，人才流动性越强，且人才对企业发展的重要性越高，企业对人才流动的敏感程度也会相应提升。因此，可以预期，在人才市场竞争较为激烈的环境中，公众环境风险认知与企业利用盈余管理粉饰财报之间的关系会更加紧密。具体而言，在公众环境风险认知后，相对于对照组，高市场竞争环境中的实验组企业更加倾向于进行正向盈余管理行为。

表 5-6 的回归结果展示了市场竞争对公众 PM2.5 污染认知与企业盈余管理行为之间关系的调节作用。其中，第（1）（2）栏中调节变量为企业所在行业的赫芬达尔指数（当 2011 年行业竞争赫芬达尔指数低于样本中位数时，变量 *Lower Industry HHI in* 2011 为 1，否则为 0）；第（3）（4）栏中调节变量为企业所面临的来自环境更好地区的同业者竞争程度（当 2011 年来自于空气质量更好城市的同业者数量与总同业者数量之比，高于样本中位数时，即企业面临环境更好的城市中同业者竞争的压力较大时，*Clean City Rivals in* 2011 取值为 1，否则为 0）。第（1）（2）栏中，调节变量与 *Treat* 和 *Post* 的三次交互项系数均为正，且分别在 10% 与 5% 水平上显著，这表明，当面临较强行业内竞争时，企业更倾向于使用盈余管理来粉饰报表，以提高企业自身人才吸引力，弱化公众环境风险认知造成的高污染区域人才吸引力下降的负面影响。在第（3）（4）栏中，可以得到相似的结论，即面临较强区域人才市场竞争时，企业会更大程度地通过向上调整盈余来粉饰报表。

表 5-6　　　　　　　　　人才市场竞争的调节作用

	(1)	(2)	(3)	(4)
	$\Phi = $ *Lower Industry HHI in* 2011		$\Phi = $ *Clean City Rivals in* 2011	
Treat	- 0.009 *	- 0.009 *	- 0.005	- 0.008 *
	(- 1.93)	(- 1.93)	(- 1.14)	(- 1.90)
Post	- 0.009 **	- 0.006	- 0.011 ***	- 0.008 **
	(- 2.11)	(- 1.48)	(- 2.91)	(- 2.10)

续表

	（1）	（2）	（3）	（4）
	$\Phi = Lower\ Industry\ HHI\ in\ 2011$		$\Phi = Clean\ City\ Rivals\ in\ 2011$	
Treat × Post	0.008	0.005	0.006	0.004
	（1.27）	（1.02）	（1.10）	（0.98）
Φ			0.013 ***	0.009 *
			（2.76）	（1.84）
Treat × Φ	0.005	0.000	−0.003	−0.001
	（0.75）	（0.02）	（−0.50）	（−0.16）
Post × Φ	−0.015 ***	−0.018 ***	−0.010 *	−0.014 **
	（−2.59）	（−3.20）	（−1.76）	（−2.49）
Treat × Post × Φ	**0.009 ***	**0.012 ****	**0.010 ***	**0.015 ****
	（1.66）	**（2.17）**	**（1.87）**	**（2.36）**
ROA		0.409 ***		0.411 ***
		（16.81）		（16.77）
Lev		−0.026 ***		−0.026 ***
		（−3.98）		（−3.92）
Ln （Asset）		0.007 ***		0.007 ***
		（5.22）		（5.22）
Ln （FirmAge + 1）		−0.008 ***		−0.008 ***
		（−4.51）		（−4.31）
ST Firm		−0.003		−0.004
		（−0.54）		（−0.68）
Dual		0.005 **		0.005 *
		（2.05）		（1.93）
Ratio_IDs		0.006		0.007
		（0.38）		（0.46）
Big4		−0.018 ***		−0.018 ***
		（−4.31）		（−4.35）

续表

	(1)	(2)	(3)	(4)
	$\Phi = Lower\ Industry\ HHI\ in\ 2011$		$\Phi = Clean\ City\ Rivals\ in\ 2011$	
Ln（AuditFee）		- 0. 009 ***		- 0. 009 ***
		（- 3. 61）		（- 3. 60）
Opinion		0. 019 ***		0. 019 ***
		（3. 44）		（3. 51）
Ln（AQI）		0. 008 ***		0. 008 ***
		（2. 83）		（2. 83）
Industry FE	YES	YES	YES	YES
N	16308	14744	16308	14744
Adj. R^2	0. 027	0. 127	0. 027	0. 127

注：***、**、*分别表示估计系数在 0. 01、0. 05、0. 1 水平上显著，标准差经过城市 cluster 调整。因控制行业固定效应，第（1）（2）栏中 Φ 为缺失。

5. 4. 3　稳健性检验

在稳健性检验中，本章采用其他标准重新划分实验组与对照组。参照 Almond 等（2009）的研究，将中国北方城市（秦岭—淮河一线以北的城市）作为实验组，而南方城市（秦岭—淮河一线以南的城市）作为对照组。中国政府使用秦岭—淮河一线作为供暖的地理位置参考线，区别于南方城市，北方城市的地方政府会提供冬季供暖服务。由于暖气供应主要依赖煤炭燃烧来加热暖气装备中的水，其无可避免地会产生空气污染物，尤其提升了构成 PM2. 5 污染的悬浮颗粒的浓度，因此这项供暖政策无意之中造成了北方城市较高程度的空气污染（Almond 等，2009）。考虑到北方城市更多地受到悬浮颗粒物的影响，在公众认识到 PM2. 5 及其危害后，生活在秦岭—淮河以北城市的市民对 PM2. 5 污染物的敏感度更高。然而，尽管有些城市位于北方，空气质量却较好，因此利用南北地理位置来划分实验组与对照组并不精确，本章仅将其作为稳健性检验。

表 5 - 7 展示了使用秦岭—淮河一线区分实验组与对照组的稳健性检验结果。第（1）栏没有添加控制变量，第（2）栏增加了企业层面的控制变量，而第（3）栏同时增加了企业与地区层面的控制质量。可以发现，不管是否增加控制变量，核心变量 *Treat* 与 *Post* 的交互项系数始终为正，且在 1% 水平上显著。这表明，相对于对照组（秦岭—淮河以南地区），实验组（秦岭—淮河以北地区）中企业在受到公众环境风险认知冲击后，更多地向上调整了企业盈余来粉饰报表。这与本章的基本结论保持一致。

表 5 - 7　　稳健性检验：使用秦岭—淮河一线区分实验组与对照组

	（1）	（2）	（3）
	EM		
Treat	- 0. 002	- 0. 003	- 0. 004
	（ - 0. 75）	（ - 0. 75）	（ - 1. 28）
Post	- 0. 010 ***	- 0. 011 ***	- 0. 011 ***
	（ - 4. 85）	（ - 4. 61）	（ - 5. 50）
Treat × Post	**0. 010 *****	**0. 013 *****	**0. 015 *****
	（2. 58）	**（2. 77）**	**（2. 85）**
ROA		0. 422 ***	0. 412 ***
		（22. 09）	（19. 23）
Lev		- 0. 020 ***	- 0. 018 ***
		（ - 3. 96）	（ - 3. 16）
Ln （*Asset*）		0. 007 ***	0. 006 ***
		（6. 24）	（5. 27）
Ln （*FirmAge* + 1）		- 0. 008 ***	- 0. 008 ***
		（ - 6. 37）	（ - 5. 88）

续表

	(1)	(2)	(3)
		EM	
ST Firm		− 0. 010 **	− 0. 009 *
		(− 2. 26)	(− 1. 69)
Dual		0. 005 **	0. 004 **
		(2. 37)	(2. 12)
Ratio_IDs		0. 003	0. 004
		(0. 25)	(0. 27)
*Big*4		− 0. 018 ***	− 0. 019 ***
		(− 4. 87)	(− 4. 79)
Ln（*AuditFee*）		− 0. 009 ***	− 0. 008 ***
		(− 4. 43)	(− 3. 73)
Opinion		0. 020 ***	0. 023 ***
		(4. 47)	(4. 51)
Ln（*AQI*）			0. 004 *
			(1. 66)
Industry FE	YES	YES	YES
N	20471	19043	15796
Adj. R^2	0. 024	0. 136	0. 128

注：***、**、* 分别表示估计系数在 0. 01、0. 05、0. 1 水平上显著，标准差经过城市 cluster 调整。

考虑到公众对环境风险的认知发生在 2011 年末，本章的基本模型将 2011 年作为事件发生之前来设定双重差分模型中的 *Post* 变量。在稳健性检验中，本章剔除了 2011 年样本，重新进行稳健性检验。

表 5 - 8 展示了剔除事件发生当年样本后的稳健性检验结果。第（1）—（3）栏的结果表明，核心变量 *Treat* 与 *Post* 的交互项系

数始终为正，且在5%水平以上显著。这意味着，在不考虑事发当年样本的情况下，公众环境风险认知的冲击仍然会造成高污染地区的企业选择向上调整盈余的行为模式，通过粉饰报表来吸引人才。这与本章的基本结论保持一致。

表 5 - 8　　　　　　　稳健性检验：剔除事件发生当年样本

	（1）	（2）	（3）
	EM		
Treat	- 0. 006 *	- 0. 008 *	- 0. 009 **
	（ - 1. 72）	（ - 1. 96）	（ - 2. 31）
Post	- 0. 002	- 0. 003	- 0. 005
	（ - 0. 77）	（ - 1. 02）	（ - 1. 41）
Treat × Post	**0. 013 ****	**0. 0015 ****	**0. 015 ****
	（2. 33）	**（2. 49）**	**（2. 51）**
ROA		0. 413 ***	0. 410 ***
		（17. 84）	（17. 37）
Lev		- 0. 021 ***	- 0. 019 ***
		（ - 3. 31）	（ - 3. 04）
Ln （Asset）		0. 007 ***	0. 007 ***
		（5. 00）	（5. 05）
Ln （FirmAge + 1）		- 0. 007 ***	- 0. 007 ***
		（ - 4. 41）	（ - 4. 49）
ST Firm		- 0. 006	- 0. 007
		（ - 1. 16）	（ - 1. 20）
Dual		0. 004	0. 004
		（1. 57）	（1. 55）
Ratio_IDs		- 0. 007	- 0. 006
		（ - 0. 47）	（ - 0. 40）

续表

	(1)	(2)	(3)
		EM	
*Big*4		-0.017^{***}	-0.018^{***}
		(-4.48)	(-4.46)
Ln（*AuditFee*）		-0.010^{***}	-0.011^{***}
		(-4.49)	(-4.55)
Opinion		0.022^{***}	0.021^{***}
		(4.06)	(3.81)
Ln（*AQI*）			0.007^{***}
			(2.79)
Industry FE	YES	YES	YES
N	14696	13734	13345
Adj. R^2	0.022	0.124	0.122

注：***、**、* 分别表示估计系数在 0.01、0.05、0.1 水平上显著，标准差经过城市 cluster 调整。

此外，本章还使用安慰剂检验（Placebo Test）进行稳健性分析，以确保回归结果所呈现的规律并非是偶然现象。首先，在样本城市中随机选择 47 个城市（即与实验组中包含的城市数量相等）作为安慰剂检验中的实验组，并将其余城市作为控制组。然后，基于新生成的实验组与控制组，对表 5 - 3 中第（3）栏模型进行回归，得到核心变量 *Treat* 与 *Post* 的交互项系数。将上述步骤重复5000 次。

图 5 - 1 报告了安慰剂检验系数的分布结果。可以看到，其均值为 0，标准差为 0.049，最大值为 0.014，最小值为 - 0.014。由表 5 - 3 中第（3）栏可知，真实的 *Treat* 与 *Post* 交互项系数为0.019，即 5000 次安慰剂回归得到的交互项系数均不低于真实的系数，说明本章的结论通过了安慰剂检验，本章有理由认为本书的回

归结果并非源于偶然。

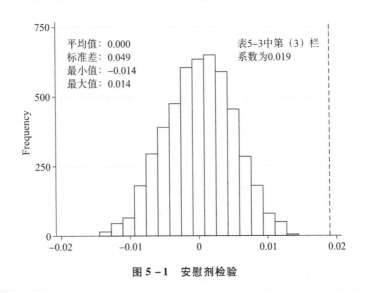

图 5 - 1　安慰剂检验

5.5　进一步分析——检验基于代理理论的替代性解释

现有文献表明，企业盈余管理行为有可能是管理层代理问题的表现（Klein，2002；Dhaliwal 等，2010，Badolato 等，2014）。之前章节的研究发现，公众环境风险认知所引发的冲击，会降低高污染地区独立董事人数以及比例，而独立董事制度是企业治理的重要组成。一般而言，随着董事会独立性的下降，管理层代理问题可能会更加严重。同时，公众环境风险认知会弱化高污染地区企业对治理人才的吸引，这也会对企业治理机制造成负面影响。因此，基于代理理论，本章结论也可以被解释为，公众环境风险认知会通过弱化企业治理机制增加管理层代理问题，并表现为更大程度的正向盈余管理。

在基础回归模型中，本章控制了独立董事比例等反映企业治理结构的变量，但还不足以排除基于管理层代理问题的替代性解释。高管持股增加了管理层与股东之间利益的一致性，减少了管理层谋取私利的动机（Jensen 和 Meckling，1976）。如果公众环境风险认知与企业盈余管理行为之间的关系是管理层代理问题的表现，那么，公众环境风险认知所引发的管理层代理问题会因管理层持股减弱。因此，可以预期，当管理层持股时，公众环境风险认知与企业盈余管理行为之间的关联应较弱。为了检验这一基于代理理论的预期，本章构建了如下模型：

$$EM = \alpha_0 + \alpha_1 Treat + \alpha_2 Post + \alpha_3 Treat \times Post + \alpha_4 Treat \times MSHD$$
$$+ \alpha_5 Post \times MSHD + \alpha_6 Treat \times Post \times MSHD + \sum ControlVars + \varepsilon$$
$$(5.6)$$

模型 5.6 在模型 5.3 的基础上，加入了 $Treat$、$Post$ 与 $MSHD$ 三次交互项，其中变量 $MSHD$ 是虚拟变量，当管理层持股时，其值为 1，否则为 0。通过分析三次交互项的系数，可以检验管理层持股对公众环境风险认知与高管薪酬之间关系的影响。基于代理理论的替代性解释预期，三次交互项的系数应当显著为负，即高管持股会弱化公众环境风险认知与高管薪酬之间关系。表 5-9 展示了检验结果，其中三次交互项的系数在第（1）—（3）栏中均为正，这与基于代理理论的预期相矛盾，因此，本章认为，管理层代理理论并不能解释公众环境风险认知与企业盈余管理行为之间关系。

表 5-9　　　　进一步分析：检验基于代理理论的替代性解释

	(1)	(2)	(3)
	EM		
Treat	-0.010 **	-0.007	-0.010 **
	(-2.04)	(-1.52)	(-2.12)

续表

	(1)	(2)	(3)
	EM		
Post	−0.007	−0.004	−0.007
	(−1.62)	(−0.83)	(−1.51)
Treat × Post	0.006	0.005	0.006
	(0.98)	(0.86)	(1.09)
MSHD	0.012 ***	0.002	0.002
	(2.68)	(0.56)	(0.44)
Treat × MSHD	0.007	0.003	0.004
	(1.07)	(0.54)	(0.55)
Post × MSHD	−0.010 *	−0.011 **	−0.011 *
	(−1.73)	(−2.06)	(−1.90)
Treat × Post × MSHD	**0.004**	**0.004**	**0.004**
	(0.49)	**(0.51)**	**(0.46)**
ROA		0.415 ***	0.409 ***
		(18.79)	(18.14)
Lev		−0.021 ***	−0.020 ***
		(−3.51)	(−3.35)
Ln (Asset)		0.007 ***	0.007 ***
		(5.40)	(5.48)
Ln (FirmAge + 1)		−0.009 ***	−0.009 ***
		(−5.96)	(−6.04)
ST Firm		−0.006	−0.007
		(−1.18)	(−1.24)
Dual		0.005 **	0.005 **
		(2.31)	(2.30)
Ratio_IDs		−0.002	−0.001
		(−0.14)	(−0.10)

续表

	(1)	(2)	(3)
		EM	
Big4		-0.018^{***}	-0.018^{***}
		(-4.56)	(-4.61)
Ln（AuditFee）		-0.009^{***}	-0.009^{***}
		(-3.87)	(-3.93)
Opinion		0.021^{***}	0.021^{***}
		(4.12)	(3.97)
Ln（AQI）			0.006^{**}
			(2.25)
Industry FE	YES	YES	YES
N	16308	15133	14744
Adj. R^2	0.027	0.128	0.126

注：***、**、* 分别表示估计系数在 0.01、0.05、0.1 水平上显著，标准差经过城市 cluster 调整。

5.6　本章结论与启示

借助盈余管理进行财务报告粉饰，是企业吸引并留住人才的重要手段。本章以公众对空气主要污染物 PM2.5 的认知为研究背景，探讨了企业如何通过盈余管理来缓解空气污染对区域人才吸引力的负面作用。

之所以借助公众环境风险认知来探讨区域人才吸引力与企业行为之间的关系，是考虑到这一背景具有以下独特优势。首先，区域环境质量在时间序列上呈现比较稳定态势，且存在惯性，相关研究很难排除内生性而直接观察环境质量变化在区域劳动力市场方面的经济后果；同时，PM2.5 是构成雾霾的主要物质，自 2011 年公众认知该污染物后，高污染地区的 PM2.5 含量成为了社会舆论的重要关注点，对公众具有很强的社会心理冲击作用；此外，通过空气质量数据的分析可知，在公众在 2011 年对 PM2.5 认知改变的前后期间，空气质量并没有发生明显变化，这为研究因果关系提供了干净的背景。

本章以中国沪深 A 股上市公司为研究样本，选择公众环境风险认知前后各五年，即 2007—2016 年为研究区间，通过双重差分模型实证检验了公众环境风险认知对企业盈余管理行为的影响。本章的研究发现如下：第一，在公众环境风险认知改变的冲击下，相对于低污染地区，高污染地区的企业正向盈余管理幅度显著增加，以实现粉饰财务报表吸引人才的目的。第二，企业特征与市场竞争起到了重要的调节作用。在企业特征方面，当企业支付给职工的薪酬较低，以及企业为民营企业时，环境风险认知对企业盈余管理行为的影响更为显著。在人才市场竞争方面，当市场竞争更加激烈时，环境风险认知对企业盈余管理行为的影响更为显著。第三，在稳健性研究中，本章先后使用秦岭—淮河南北为分界线区分实验组与对照组城市，去除事件发生当年样本以及安慰剂检验这三种方式，进一步证实了研究结论的稳健性。第四，在进一步研究中，本章排除了基于管理层代理理论的替代性解释。

随着国民收入水平的提高，人们越来越重视生活环境的污染问题。城市空气质量是关系到城市人才吸引力的重要因素，较差的自然环境无疑会降低地方城市吸引力和维持人才的可能性，这时企业可能利用调整自身资源和决策来弥补环境污染在区域人才吸引方面的负面作用。本章系统地检验了公众环境污染认知如何影响微观企业的财务报告行为，研究结论具有重要的理论价值和实践意义。首先，人才是企业发展的关键和核心竞争力，企业应当利用自身资源积极吸引人才并储备人才，同时避免和降低人才的流失。其次，在现有文献中，企业盈余管理通常被贴上弄虚作假、欺骗投资者等负面标签。本章的发现在一定程度上证实了盈余管理行为的积极作用。即在实际的企业经营中，盈余管理也可以发挥吸引人才、稳定企业员工、凝聚工作力量的作用，这种作用在企业面临区域人才流失时尤为重要。此外，盈余管理虽然可以发挥人才吸引的作用，但毕竟是短期行为，难以长时间持续。因此，企业需增加研发，不断提升自身核心市场竞争力，以此获得长期的人才市场竞争优势。最后，环境问题本质上是公共社会问题，而人才流失是企业承担的外部损失成本，人才流失造成的企业不良发展将最终阻碍区域经济增长目标的实现。因此，政府应当重视环境保护，大力发展环境友好型产业，并实施积极的人才政策，创造良好的人才环境，以此来降低企业面临的劳动力成本。这有助于为产业结构转型升级和经济良性循环发展提供重要的制度保障。

公众环境风险认知、人才吸引与企业税收规避

6.1 引言

企业所得税是一项重要的现金支出，约占企业税前利润的25%。节约企业运行成本，为企业发展提供直接的资金支持是企业避税行为的主要动机（Edwards等，2016）。考虑到税收规划成本以及避税行为可能导致的行政处罚，企业最佳避税水平要求其边际收益与边际成本相等（Scholes等，1992；Hanlon和Heitzman，2010）。

现有文献主要从政府行政监管与企业特征的角度探讨了企业避税行为的影响因素。考虑到不同地区的就业保障、养老，以及公共品供给情况各不相同，政府间财政压力存在较大异质性，且政府财政收入来源以及主政官员特征亦不相同，因此，各地政府在税收征管强度上具有很大的自主裁量权。曾亚敏和张俊生（2009）、叶康涛和刘行（2011），以及蔡宏标和饶品贵（2015）的研究发现，随着企业所在地区税收监管强度的提高，避税行为面临着更大的边际成本，导致企业减少税收规避程度。陈德球等（2016）利用地级市主政官员更替数据，探讨了政策不确定性与企业税收规避行为之间的关系，研究发现，当某地区的政策不确定性增加时，企业更有动力通过税收规避来留存利润与现金，以应对未来发展的不确定性，同时企业也可借助税收规避弱化财务信息的透明性，以此降低政府寻租的可能性。此外，研究发现，高管激励（Dyreng 等，2010），股东结构（Chen 等，2010；Brune 等，2016；Hansen 等，2017），企业治理（Desai 和 Dharmapala，2006；Armstrong 等，2015），以及融资约束（Dyreng 和 Markle，2016；Edwards 等，2016）等企业特征与避税行为之间存在密切关联。

通过梳理文献，可以发现，企业的经营环境，尤其是企业所处自然环境质量，对避税行为的影响还未曾被探讨，而这本身是有趣的话题，且具有现实基础。一方面，自然环境质量是影响区域范围内人才吸引力的重要因素。糟糕的自然环境，例如严重的空气污染，会降低一个区域的吸引力，增加该区域企业招聘员工的成本。另一方面，避税行为会增加企业利润与现金留存，使企业可以通过避税行为补贴企业高管或普通员工薪酬，并增加人力资本投资，以此增加企业人才吸引力。同时，企业避税的直接效果是提升了会计盈余，美化了财务报告，而优秀的财务报告可以向现有员工或潜在员工传递积极的信号，例如，企业发展良好以及员工工作稳定且有前途，这些信号可以降低人才引进的成本，增加企业的人才吸引力。因此，本章试图探讨区域环境风险与企业避税行为之间的关系。

在具体研究过程中，本章使用公众对 PM2.5 环境风险的认知为研究背景，探讨了区域环境风险对企业避税水平的影响。之所以选择公众环境风险认知为研究背景，是考虑到其具有如下独特优势：一方面，PM2.5 是构成雾霾的主要物质，自 2011 年公众认识该污染物后，高污染地区的 PM2.5 含量成为了社会舆论的重要关注，因此，工作环境风险认知具有广泛且强烈的社会心理冲击作用，在实际效果上，等同于区域空气质量在短时间内发生了大幅变化，深刻影响了区域的人才吸引力；另一方面，公众在 2011 年对 PM2.5 认知改变的前后期间，城市空气质量指数并没有发生明显变化，也就是说，本章所观察的是公众环境风险认知改变所造成的心理冲击，并没有伴随真实的环境质量变化，这可以尽量排除与环境质量相关的区域因素的干扰，为研究因果关系提供了干净的背景。

本章以中国沪深 A 股上市公司为研究样本，选择公众环境风险认知前后各五年，即 2007—2016 年为研究区间，构建了双重差分模型。研究发现：第一，面临环境风险认知的冲击，位于空气污染较为严重地区的企业会提升税收规避程度，以此来提高报表盈余，并增加企业的人力资本投资，这可以增加企业自身吸引人才的能力，弥补环境污染对区域人才吸引力的负面作用；第二，企业对环境风险的敏感程度对环境风险认知与企业避税行为之间的关系起到了调节作用，当企业支付给职工的薪酬较低，以及企业为民营企业时，环境风险认知对企业避税行为的影响更为显著；第三，人才市场的竞争程度对环境风险认知与企业避税行为之间的关系起到了调节作用，当企业所面临的行业市场竞争较为激烈时，以及企业所面临的来自于空气质量更好城市的同业者竞争较为激烈时，环境风险认知对企业税收规避的提升作用更为显著；第四，稳健性研究先后使用了秦岭—淮河南北作为分界线区分实验组与对照组城市、去除事件发生当年样本、替换企业税收规避衡量指标，以及安慰剂检验这四种检验方式，验证了研究结论的稳健性；第五，在进一步研究中，本章排除了基于管理层代理理论的替代性解释。

本章可能的贡献有：（1）从企业人才吸引的角度，丰富了企业避税行为动因的研究。以往研究从高管激励、股东结构、融资约束，以及政府行为等方面探讨了企业避税行为的动机，但尚无文献检验过企业避税行为对吸引人才方面的作用。本章研究发现，在面对区域人才吸引力下降时，企业会提升避税程度，以此增强自身的人才吸引力。（2）探讨区域人才吸引力与企业避税行为之间的关系，也可为区域人力资本市场的经济后果提供微观层面的观察。

（3）使用公众环境风险认知事件作为影响区域人才吸引力的外生冲击，具有较多统计分析上的优点，有助于探讨区域人才吸引力与企业避税行为之间的因果关系。由于自然环境状况在短期内难以发生明显变化，且容易造成遗漏变量偏差问题，本章使用公众对以PM2.5 为代表的环境污染物的认知为研究背景，巧妙地规避这些问题的干扰，为探讨区域人才吸引力与避税行为之间的关系提供了可靠证据。

6.2　理论分析与研究假设

6.2.1　环境风险认知与企业避税行为

企业通过一系列合理的税收规划来降低最终的纳税额，虽然会减少税务机关的征缴数额，但并没有违反法律（Franzoni，1998）。事实上，企业通过合理的避税行为可以节约大量的现金流，进而为企业经营提供了流动性支持（Slemrod，2004；Desai 和 Dharmapala，2009；Hanlon 和 Heitzman，2010；Edwards 等，2016；Dyreng 和 Markle，2016）。现有文献发现，避税行为对企业价值以及未来发展产生了正面影响。例如，Wilson（2009）研究发现，税盾效应可以为股东创造财富，尤其是当企业治理结构较好时，更是如此。Desai 和 Dharmapala（2009）的研究也发现，当机构投资者持股比例较高时，税收规避是提升企业价值的有效方法。借助外生事件冲击，Semaan（2017）以韩国企业为样本研究发现，企业避税行为提高了投资者收益以及股东财富。Hanlon 和 Heitzman（2010）的研究则表明，企业避税行为实际上将财富由政府转移到股东手中，这使得企业更具有吸引力，并且对企业在资本市场的表现具有提升作用。此外，Cheng（2012）的研究发现，对冲基金更倾向于收购那些税收规划不足的企业，并通过实施更激进的税收规避方案来提升企业价值。

区域环境污染是影响人才流动的重要因素。自 2011 年以来，以 PM2.5 为主要污染物的雾霾事件引发了广泛的社会关注。可以预期，在认识到空气污染的危害后，人们更加倾向于离开高污染地区，而选择在空气质量较好的地区工作和生活，这就造成了高污染地区的人口的流出，弱化了该区域的人力资本。企业作为城市经济的重要组成部分，很难在短时间内更换其总部所在地，而环境风险认知事件的冲击则会通过弱化高污染地区的人才吸引力，增加了当地企业的人才搜寻成本以及聘用成本。

面对区域人才流失，企业可能会通过增加税收规避来提升自身的人才吸引力。这是由于，避税行为可以增加企业利润与现金留存，而这些利润或现金可以转化成企业员工的专项环境补贴，支持企业增加人力资本投资，如更大范围的招聘、更好的薪酬、更全面的培训以及更适宜的办公条件等，并最终转化为企业自身的人才吸引力。此外，企业避税的直接效果是提升了会计盈余，美化了财务报告，而优秀的财务报告可以向现有员工或潜在员工传递积极的信号。例如，企业发展良好以及员工工作稳定且有前途，这些信号可以降低人才引进的成本，增加企业的人才吸引力。因此，可以预期，为了抵御公众环境风险认知对区域人才流动的冲击，处于高污染地区的企业更有可能提高税收规避程度，进而增加企业自身的人才吸引力，以此弥补公众环境风险认知的负面作用。

综上，本章提出假设 1：

假设 1：在公众认知环境风险后，相对于低污染地区，高污染地区的企业避税程度会提高。

6.2.2　企业特征与人才市场竞争的调节作用

在企业特征的调节作用方面，本章讨论了企业支付给员工的薪酬以及企业产权属性对公众环境风险认知与企业避税行为之间关系的调节作用。

员工薪酬激励理论认为，企业支付给员工的薪酬越高，则员工离开工作岗位所承担的机会成本越高（Shapiro 和 Stigliz，1984）。相对于同行业竞争者，如果企业所提供的薪酬处于较高水平，离开该企业的员工将很难找到具有相似薪酬水平的企业作为跳槽对象。相反，如果企业所提供的薪酬在同行业中处于较低水平，离开企业的员工可能会找到更高薪酬的工作，这减少了企业员工因 PM2.5 环境污染而离开企业的顾虑。本章认为，相对于同行业的其他企业，如果企业给予员工的薪酬水平较低，则企业更容易受到公众环境风险冲击而造成的区域人才流失的负面影响，此时，企业对提高自身人才吸引力的需求更强，进而增加了企业税收规避程度。

相对于民营企业，国有企业一般承担着更多的社会责任，对企业业绩以及人力资本市场变动的敏感度较低。同时，国有企业拥有更多的社会资源，并可以为职工提供与企业岗位相对应的行政级别权益，以及显性或隐性福利待遇，这就造成了国有企业员工黏性较强，转换工作的意愿较低。相反，民营企业则对人力资本市场变动更加敏感，且员工黏性较低。因此，本章认为，当企业产权属性为民营企业时，环境风险认知对企业避税行为的影响更为显著。

此外，本章还讨论了人才市场竞争对公众环境风险认知与企业避税行为之间关系的调节作用。一般而言，随着市场竞争的加剧，企业越发需要适合的人才进行研发、市场拓展、管理谋划以及投资等经营活动，以此提升企业的市场竞争力，即企业对人才的依赖程度随着市场竞争的加剧而逐渐提高。可以预期，在市场竞争较为激烈的环境中，公众环境风险认知与企业避税行为之间的关系会更加紧密。同时，考虑到同行业企业分布在不同的城市，而不同城市的空气质量并不相同，如果企业的同行多位于空气质量较好的城市，则企业中的优秀员工更容易被同行吸引走。因此，可以预期，当所在行业的其他企业多位于空气质量较好的城市时，企业更容易受到空气污染所导致的人才流失的影响，进而公众环境风险认知与企业避税行为之间的关系会更加紧密。

综上，本章提出假设 2 与假设 3 如下：

假设 2：当企业支付给职工的薪酬水平较低时，以及企业为民营企业时，环境风险认知对企业避税行为的影响更为显著。

假设 3：当行业竞争较为激烈时，以及同行业在空气质量较好地区的企业数量较多时，环境风险认知对企业避税行为的影响更为显著。

6.3　研究设计

6.3.1　样本选择与数据来源

考虑到公众对 PM2.5 污染风险的认知发生在 2011 年底，为了构建双重差分模型，本章选择事件前后五年（2007—2016 年）作为研究区间。本章以中国沪深两市 A 股上市公司为初始研究样本，并执行如下的步骤筛选样本：（1）由于金融类上市公司与其他行业上市公司的财务报告以及经营方式存在显著差异，本章参照研究惯例，剔除了金融上市企业样本；（2）剔除模型中相关变量缺失的样本；（3）剔除实际所得税率大于 1 或者小于 0 的异常样本。最终，本章得到 13557 个企业年度观测数据。本章所使用的各城市 PM2.5 数据来自于环保部以及各城市环保局，同时，用于计算税收监管强度的数据来自于中国统计年鉴以及税务年鉴。其他企业财务数据均来源于 CSMAR 数据库。数据整理与统计分析使用了 STATA 软件。

6.3.2 变量定义与模型设计

在事件发生前后，通过比较对照组与实验组中企业避税程度的差异，可以得到环境风险认知对企业避税行为的影响，因此，本章构建了如下双重差分模型：

$$ETR = \alpha_0 + \alpha_1 Treat + \alpha_2 Post + \alpha_3 Treat \times Post + \sum ControlVars + \varepsilon$$
$$(6.1)$$

其中，ETR 衡量企业税收规避程度，等于企业所得税费用与税前总利润之比，其数值越小代表企业税收规避程度越高。参照 Dyreng 等（2010）针对企业避税的定义，本章将所有可以导致实际税率下降的企业行为定义为企业的避税行为。之所以选择 ETR 作为被解释变量，是考虑到：一方面，大部分的避税行为最终会反映在企业的实际所得税税率上；另一方面，相较于当期应交所得税，所得税费用指标可以更好地反映企业通过会计处理改变当期财务报告（会计盈余）的作用，进而影响了企业在劳动力市场上的吸引力，这与本章研究目标一致。事实上，使用 ETR 来衡量企业避税程度得到了学术界广泛认可（Hanlon 和 Heitzman，2010；Tang 等，2017）。为了检验研究结论的可靠性，本章还将使用 $Current\_ETR$（当期应交所得税税率，其值等于企业所得税费用与递延所得税费用的差值，并除以税前总利润），以及 $Cash\_ETR$（现金所得税税率，其值等于企业当年纳税所支付的现金与税前利润之比）进行稳健性研究。

解释变量 $Treat$ 是虚拟变量，当 2011 年企业所在城市的环境质量指数（Air Quality Index）高于样本中位数时，即空气质量较差时，取值为 1，否则为 0。解释变量 $Post$ 是虚拟变量，在公众对 PM2.5 污染危害的认知发生之后，即 2012—2016 年间，取值为 1，在环境风险认知发生改变之前，即 2007—2011 年间，取值为 0。$Treat$ 与 $Post$ 的交互变量的系数是本章关注的重点。其系数大小表示，相对于对照组（空气污染较少地区），实验组（空气污染较严重地区）中企业税收规避程度的变化。双重差分模型的设计可以排除与事件冲击同时发生的宏观经济因素变动的影响，有利于更好地识别公众环境风险认知与企业避税行为之间的因果关系以及实际经济含义。

同时，本章控制了一系列与企业避税行为以及公众环境风险认知相关的控制变量。首先，企业的实际税率与名义税率密切相关，且不同的企业之间名义税率有着明显的差异（Wu 等，2007），因此，模型控制了企业的名义税率（*TaxRate*）。其次，本章模型控制了表示企业资产结构的变量 [Ln（*Asset*）、*Lev*、*RCH*、*PPE*，以及 *Intangible*]，其中，Ln（*Asset*）是企业规模，即年末总资产的自然对数；*Lev* 是企业财务杠杆指数，即年末总负债与年末总资产之比，由于负债的税盾效应，随着企业财务杠杆的提升，企业税务负担也会相应降低（Mill 等，1998）；*RCH* 是企业年末存货与年末总资产之比；*PPE* 是企业年末固定资产与年末总资产之比，研究发现，固定资产占比与企业避税程度存在正向关联（Wu 等，2007；Dyreng 等，2008）。*Intangible* 是企业无形资产占比，等于年末无形资产与年末总资产之比。然后，本章模型还控制了企业经营与市场业绩方面的变量（*ROA*、*ROI*、*Loss*，以及 *MB*）。其中，*ROA* 表示企业总资产盈利能力，即企业当年总利润（税前净利润）与年末总资产之比，Wu 等（2007）发现，企业盈利能力与避税程度之间存在正向关联；*ROI* 表示企业投资收益率，即投资收益与年末总资产之比，本章参照 Li 等（2017）的研究对其进行了控制；*Loss* 表示企业上一年度是否亏损，当上一年度净利润为负数，其值为 1，否则为 0。按照税法的规定，上一年度的亏损能够抵消本年度的税基，进而减少了本年度企业税负；*MB* 表示企业股票的市账率，即股票市场价值与账面价值之比。然而，现有文献对市账率与企业避税程度之间的关系并没有得到统一的结论（Gupta 和 Newberry，

1997；Derashid 和 Zhang，2003）。考虑到企业产权属性与治理结构对企业避税行为的影响（吴联生，2009；McGuire 等，2012），本章还控制了 NSOE、Ratio_IDs，以及 Big4。其中，NSOE 表示企业产权属性，当企业为民营企业时，其值为 1，否则为 0；Ratio_IDs 表示独立董事比例，其值等于企业独立董事人数与董事会人数之比；Big4 表示企业是否聘用国际四大作为审计师，当聘用国际四大时，其值为 1，否则为 0。最后，本章控制了与企业避税以及环境风险相关的区域因素：地区税收监管强度变量（TE）以及城市环境质量指数的自然对数 [Ln（AQI）]。一般而言，随着地区政府的税收监管强度的提升，企业避税程度会受到抑制，本章参考 Xu 等（2011）、Lotz 和 Morss（1967）、Chelliah 等（1975）、Mertens（2003）、曾亚敏和张俊生（2009），和陈德球等（2016）的研究，将地区实际税收与预期税收之比作为区域税收监管强度的代理变量。其中，预期税收采用如下模型估计：

$$T_{i,t}/GDP_{i,t} = \alpha_0 + \alpha_1 Ln(_P + \alpha_2 Ind1_{i,t}/GDP_{i,t} + \alpha_3 Ind2_{i,t}/GDP_{i,t}$$
$$+ Openness_{i,t}/GDP_{i,t} + \varepsilon \tag{6.2}$$

其中，$T_{i,t}$ 是区域 i 在 t 年的实际税收总额；$GDP_{i,t}$ 是区域 i 在 t 年的生产总值；Ln $(PerGDP)_{i,t}$ 是区域 i 在 t 年的人均生产总值的自然对数；$Ind1_{i,t}$ 是区域 i 在 t 年的第一产业生产总值；$Ind2_{i,t}$ 是区域 i 在 t 年的第二产业生产总值；此外，$Openness_{i,t}$ 是区域 i 在 t 年的进出口总额，代表区域开放程度。以上数据来自中国统计年鉴以及中国税务年鉴。首先，对模型 6.2 中各系数进行估计，得到估计的 $T_{i,t}/GDP_{i,t}$，并通过将真实 $T_{i,t}/GDP_{i,t}$ 与估计 $T_{i,t}/GDP_{i,t}$ 相比得到区域税收监管强度，其数值越大，代表区域税收监管强度越高。

此外，本章回归模型控制了行业固定效应。考虑到实验组与对照组的区分是以城市为基础的，本章对回归系数标准误差进行了城市层面的聚类调整（Cluster by city），以减弱序列相关性的影响，得到更为稳健的结果。同时，为了弱化极端值对结果的影响，本章对连续变量进行了上下 1% 的 Winsorize 处理。具体变量定义见表 6 - 1。

为了检验企业职工薪酬水平、产权属性以及市场人才竞争压力对公众环境风险认知与企业避税行为之间关系的调节作用，本章构建了如下模型：

$$ETR = \alpha_0 + \alpha_1 Treat + \alpha_2 Post + \alpha_3 Treat \times Post + \alpha_4 Treat \times \Phi +$$

$$\alpha_5 Post \times \Phi + \alpha_6 Treat \times Post \times \Phi + \sum ControlVars + \varepsilon \qquad (6.3)$$

模型 6.3 在模型 6.1 的基础上，加入了三次交互项，以此检验员工薪酬水平、产权属性以及市场人才竞争压力对公众环境风险认知与企业避税行为之间关系的调节作用。具体调节变量包括：表示企业员工薪酬水平高低的虚拟变量（Lower Worker Salary in 2011）、表示产权属性的虚拟变量（Non - SOE in 2011）、表示行业竞争强弱的虚拟变量（Lower Industry HHI in 2011），以及表示空气质量更好的城市对人才争夺强度的虚拟变量（Clean City Rivals in 2011）。其中，当企业在 2011 年度平均员工薪酬低于同行业中位数时，Lower Worker Salary in 2011 取值为 1，否则为 0；当企业在 2011 年度的产权属性为民营企业时，Non - SOE in 2011 取值为 0；当企业所处行业在 2011 年的赫芬达尔指数（Herfindahl - Hirschman Index）低于样本中位数时，即行业竞争较为激烈时，Lower Industry HHI in 2011 取值为 1，否则为 0；此外，在 2011 年，当其他城市（相较于企业所在城市，空气质量更好的城市）的同业者数量与同业者总数量之比高于样本中位数时，即企业面临环境更好的城市中同业者竞争的压力较大时，Clean City Rivals in 2011 取值为 1，否则为 0。

模型 6.3 与基础模型 6.1 中控制变量保持一致，具体变量定义见表 6 - 1，同时，对回归系数标准误差进行了城市层面的聚类调整（Cluster by city），以减弱序列相关性的影响，并对连续变量进行了上下 1% 的缩尾处理。

表 6 – 1 　　　　　　　　　　　　　　变量定义

变量名称	变量定义
ETR	企业税收规避程度：企业所得税费用与税前总利润之比，其数值越小代表企业税收规避程度越高。
Current_ETR	当期应交所得税税率：企业所得税费用与递延所得税费用的差值，并除以税前总利润。
Cash_ETR	现金所得税税率：企业当年纳税所支付的现金与税前利润之比。
Treat	虚拟变量：当企业所在城市 2011 年的空气质量指数（AQI）高于中位数时，即空气污染较为严重时，其值为 1，否则为 0。
Post	虚拟变量：在 2012—2016 年间，其值为 1；在 2007—2011 年间，其值为 0。
Lower Worker Salary in 2011	虚拟变量：当企业 2011 年度平均职工薪酬低于同行业中位数时，其值为 1，否则为 0。
Non – SOE in 2011	虚拟变量：当企业 2011 年度的产权属性为民营企业时，取值为 1，否则为 0。
Lower Industry HHI in 2011	虚拟变量：当企业所处行业在 2011 年的赫芬达尔指数低于样本中位数时，即行业竞争较为激烈时，其值为 1，否则为 0。
Clean City Rivals in 2011	虚拟变量：在 2011 年，当其他城市（相较于企业所在城市，空气质量更好的城市）的同业者数量与同业者总数量之比，高于样本中位数时，取值为 1，否则为 0。
TaxRate	企业的名义税率。
Ln（Asset）	企业规模：企业年末总资产的自然对数。
Lev	财务杠杆：年末总负债与年末总资产之比。
RCH	存货占比：企业年末存货与年末总资产之比。
PPE	企业固定资产占比：年末固定资产与年末总资产之比
Intangible	企业无形资产占比：年末无形资产与年末总资产之比。
ROA	企业总资产税前收益率：税前净利润与年末总资产之比。
ROI	企业投资收益率：即投资收益与年末总资产之比
Loss	虚拟变量：当上一年度企业净利润为负时，其值为 1，否则为 0。

续表

变量名称	变量定义
MB	企业股票市账率：股票市场价值与账面价值之比。
NSOE	虚拟变量：当企业产权属性为民营企业时，其值为 1，否则为 0。
Ratio_IDs	独立董事比例：企业独立董事人数与董事会人数之比。
Big4	虚拟变量：如果当年企业聘请的会计事务所为国际四大行，则取值为 1，否则为 0。
TE	省份税收监管强度：实际税收与预期税收之比。计算所使用出具来源于中国统计年鉴以及中国税务年鉴。
Ln（AQI）	城市空气质量：企业总部所在城市空气质量指数 AQI 的自然对数。空气质量指数来源于中国环保部与地方环保局。

6.3.3 描述统计与分析

表 6-2 对基本模型涉及的主要变量进行了描述性统计。变量 ETR 的平均值为 0.17，即平均而言，样本企业的实际税率为 17%，同时，ETR 中位数为 0.157，下 1/4 分位值为 0.11，上 1/4 分位值为 0.217。此外，变量 ETR 的标准差为 0.101，可见，变量在样本内存在较强的异质性。

表 6-2 主要变量的描述性统计

变量	Mean	StdDev	P25	Median	P75
ETR	0.170	0.101	0.110	0.157	0.217
Treat	0.500	0.500	0.000	1.000	1.000
Post	0.632	0.482	0.000	1.000	1.000
TaxRate	0.195	0.058	0.150	0.150	0.250
Ln（Asset）	22.035	1.299	21.109	21.863	22.786
Lev	0.449	0.219	0.278	0.446	0.615
RCH	0.166	0.163	0.058	0.121	0.212

续表

变量	Mean	StdDev	P25	Median	P75
PPE	0.216	0.171	0.083	0.178	0.309
Intangible	0.046	0.054	0.013	0.031	0.057
ROA	0.049	0.041	0.020	0.040	0.068
ROI	0.008	0.019	0.000	0.001	0.008
Loss	0.071	0.257	0.000	0.000	0.000
MB	2.291	2.102	0.926	1.690	2.897
NSOE	0.524	0.499	0.000	1.000	1.000
Ratio_IDs	0.372	0.059	0.333	0.333	0.429
Big4	0.069	0.254	0.000	0.000	0.000
TE	0.979	0.288	0.835	0.990	1.123
Ln (AQI)	4.394	0.334	4.161	4.364	4.588

变量 *Treat* 的平均值为 0.5，标准差为 0.5；*Post* 的平均值为 0.632，标准差为 0.482。对于控制变量而言，样本企业的名义税率的均值为 19.5%，大于实际税率的平均值，说明平均而言，样本企业通过税务规划降低了 2.5% 水平的税负。同时，就企业资产结构而言，样本企业总资产自然对数 [Ln (*Asset*)] 的平均值（中位数）为 22.035（21.863）；财务杠杆（*Lev*）的平均值为 0.449，标准差为 0.219；企业存货占总资产比例的平均值为 0.166；固定资产占总资产比例的平均值为 0.216；无形资产占比的平均值为 0.046。就企业经营与市场表现而言，样本平均总资产税前收益率为 4.9%，投资收益占总资产比率为 0.8%，约 7.1% 的样本企业上一年度为净亏损。同时，企业平均市净率为 2.291。就产权属性与企业治理而言，52.4% 的样本企业为非国有企业，董事会独立董事占比平均为 37.2%，且有 6.9% 的样本企业购买了国际四大事务所的审计服务。此外，就区域因素而言，地区税收监管强度的平均值为 0.979，企业总部所属城市的空气质量指数 AQI 的自然对数平均为 4.394。

6.4 实证检验与结果分析

6.4.1 环境风险认知与企业税收规避

表6-3展示了公众对PM2.5污染风险的认知改变对企业税收规避行为的影响。在第（1）—（3）栏中，被解释变量为企业实际税率（ETR）。其中，第（1）栏只控制行业固定效应，并没有加入控制变量，第（2）栏在行业固定效应的基础上，增加了一系列与企业特征相关的控制变量，而第（3）栏在行业固定效应与企业特征变量的基础上，又增加了表示企业所处省份税收监管强度以及城市的空气质量的变量。由结果可知，不管是否增加控制变量，核心变量Treat与Post的交互项系数始终为负，且均在1%水平上显著。以第（3）栏为例，Treat与Post的交互项系数为−0.015，说明在受到公众环境风险认知冲击后，相对于对照组（空气质量较好地区），实验组（空气质量较差地区）中企业倾向于进行更大程度的税收规避。

表6-3　　　　公众环境风险认知与企业税收规避

	(1)	(2)	(3)
	ETR		
Treat	0.002	−0.002	−0.001
	(0.53)	(−0.55)	(−0.18)
Post	0.021 ***	0.013 ***	0.013 ***
	(8.61)	(4.95)	(4.62)
Treat × Post	**−0.017 *****	**−0.012 *****	**−0.015 *****
	(−4.86)	**(−2.93)**	**(−3.13)**

续表

	（1）	（2）	（3）
		ETR	
TaxRate		0.473 ***	0.478 ***
		（18.93）	（18.67）
Ln（Asset）		−0.001	−0.001
		（−0.70）	（−0.65）
Lev		−0.093 ***	−0.094 ***
		（−11.32）	（−11.26）
RCH		0.048 ***	0.045 ***
		（3.37）	（3.15）
PPE		−0.068 ***	−0.069 ***
		（−7.35）	（−7.32）
Intangible		0.011	0.005
		（0.45）	（0.19）
ROA		−0.339 ***	−0.342 ***
		（−9.00）	（−8.98）
ROI		−0.650 ***	−0.648 ***
		（−8.57）	（−8.42）
Loss		−0.008 *	−0.007
		（−1.85）	（−1.52）
MB		0.003 ***	0.003 ***
		（3.28）	（3.11）
NSOE		−0.001	−0.002
		（−0.44）	（−0.64）
Ratio_IDs		0.002	0.001
		（0.09）	（0.07）
Big4		0.005	0.005
		（0.98）	（1.06）

续表

	（1）	（2）	（3）
		ETR	
TE			0.003
			（0.68）
Ln（*AQI*）			－0.002
			（－0.56）
Industry FE	YES	YES	YES
N	15477	13921	13557
Adj. R²	0.099	0.204	0.205

注：***、**、*分别表示估计系数在 0.01、0.05、0.1 水平上显著，标准差经过城市 cluster 调整。

综合表 6－3 结果，可以发现，随着公众对 PM2.5 环境风险的认知提升，处于高污染地区的企业更倾向于提高税收规避程度。其逻辑在于，公众对环境风险的认知导致了空气污染严重地区的人才吸引能力下降，面对这种情况，一方面，企业可以通过税收规避节约经营成本，进而为企业提升人才吸引力提供资金支持；另一方面，企业可以通过避税来增加当期报表盈余，美化财务报告，进而增加企业在人才市场中的吸引力。

在标准的双重差分模型中，实验组与对照组企业的避税程度应当符合平行性假定，即实验组与对照组在事件冲击之前保持同步变化。为了检验双重差分模型的有效性，本章参照 Kacperczyk（2010）的研究方法，构建了如下回归模型。

$$ETR = \alpha_0 + \alpha_1 Treat \times Year2008 + \alpha_2 Treat \times Year2009 + \alpha_3 Treat \times Year2010 + \alpha_4 Treat \times Year2011 + \alpha_5 Treat \times Year2012 + \alpha_6 Treat \times Year2013 + \alpha_7 Treat \times Year2014 + \alpha_8 Treat \times Year2015 + \alpha_9 Treat \times Year2016 + \alpha_{10} Treat + \sum YearDummy + \sum ControlVars + \varepsilon \quad (6.4)$$

被解释变量为企业实际税率（*ETR*），衡量了企业避税程度，其值越小，则避税程度越高。解释变量为连续九个年度虚拟变量：
$Year2008$、$Year2009$、$Year2010$、$Year2011$、$Year2012$、$Year2013$、
$Year2014$、$Year2015$、$Year2016$，以及它们与 $Treat$ 变量之间的交互
项。上述年份虚拟变量与 $Treat$ 交互项的系数大小及显著性是平行
性检验关心的重点。按照平行性假定的要求，在公众对环境风险认
知重视之前，空气质量较好的对照组与空气质量较差的实验组企业
中，税收规避程度的年度变化应当呈现相似趋势，具体而言，
$Year2008$、$Year2009$、$Year2010$、$Year2011$ 与 $Treat$ 的交互项应不显
著，而 $Year2012$、$Year2013$、$Year2014$、$Year2015$、$Year2016$ 与 $Treat$
的交互项应至少存在显著性。

　　表 6-4 展示了平行性假定检验的结果，$Year2008$—$Year2011$
与 $Treat$ 乘积项的回归系数均不显著，说明在公众环境风险认知之前
的年份，实验组与对照组中企业避税程度具有相似的变动趋势；而
$Year2012$—$Year2016$ 与 $Treat$ 乘积项的回归系数显著为正，说明在公
众认识到污染的危害后，高污染地区的企业提升了税收规避幅度。
上述结果通过了平行性假设检验，这说明，在事件冲击发生之前，
实验组与对照组的变化趋势没有系统差异，同时，以此为基础的双
重差分检验可以保证回归结果能够准确识别事件本身的经济后果。

表 6-4　　　　　　　　　　平行性假定检验

	（1）	（2）	（3）
		ETP	
$Treat \times 2008\_Year$	-0.020	-0.007	-0.009
	（-0.96）	（-0.86）	（-1.12）
$Treat \times 2009\_Year$	-0.017	0.003	0.001
	（-0.64）	（0.34）	（0.19）
$Treat \times 2010\_Year$	-0.018	-0.007	-0.008
	（-0.66）	（-0.91）	（-1.02）

续表

	（1）	（2）	（3）
	ETP		
Treat × 2011_*Year*	− 0.019 （ − 0.90）	0.001 （0.05）	− 0.002 （ − 0.24）
Treat × 2012_*Year*	− 0.039 *** （ − 3.89）	− 0.019 *** （ − 2.77）	− 0.021 *** （ − 2.85）
Treat × 2013_*Year*	− 0.039 *** （ − 3.98）	− 0.017 *** （ − 2.64）	− 0.019 *** （ − 2.63）
Treat × 2014_*Year*	− 0.029 *** （ − 2.66）	− 0.010 * （ − 1.72）	− 0.012 * （ − 1.91）
Treat × 2015_*Year*	− 0.033 *** （ − 3.23）	− 0.015 ** （ − 2.34）	− 0.017 ** （ − 2.50）
Treat × 2016_*Year*	− 0.033 *** （ − 3.32）	− 0.016 ** （ − 2.41）	− 0.017 ** （ − 2.51）
Treat	0.019 *** （2.73）	0.001 （0.12）	0.004 （0.60）
Controls	YES	YES	YES
Time FE	YES	YES	YES
Industry FE	YES	YES	YES
N	15477	13921	13557
Adj. R²	0.101	0.204	0.205

注：***、**、* 分别表示估计系数在 0.01、0.05、0.1 水平上显著，标准差经过城市 cluster 调整。

6.4.2 企业特征与人才市场竞争的调节作用

在上述研究的基础上，本节探讨了企业特征与市场人才竞争特征对公众 PM2.5 污染认知与企业避税行为之间关系的调节作用。

在企业特征方面，本节将重点讨论企业员工薪酬水平，以及产权属性的调节作用。本章的基本逻辑是，在公众对环境风险认知改变的背景下，高污染地区的人才吸引能力下降，而企业为了应对区域人才吸引力下降的负面影响，将提高企业收税规避程度。这是由于，一方面，企业可以通过税收规避节约经营成本，进而可以为企业提升人才吸引力提供资金支持；另一方面，企业可以通过避税来增加当期报表盈余，美化财务报告，进而增加企业在人才市场中的吸引力。

如果企业的员工薪酬水平较高，则企业本身对员工的吸引能力较强，会弱化环境风险认知在区域人才吸引方面的负面作用，即对公众环境风险认知事件的敏感程度较低；相反，如果企业的员工薪酬水平较低，则员工跳槽的机会成本更低，员工更有可能对环境风险做出反应，选择离开高污染地区的企业，因此，员工薪酬较低的企业对环境风险更加敏感。同时，在事件发生时，较低的员工薪酬水平也为企业通过避税来节约资金进而为员工增加薪酬提供了空间。综上，就员工薪酬水平的调节作用而言，本章预期，在公众环境风险认知改变事件后，员工薪酬水平较低的企业会更大幅度地提升避税水平。

相较于民营企业，国有企业有更多的社会资源、隐性福利或者与岗位所对等的行政级别权利，其员工黏性更强，因此，员工因环境污染事件而离开企业的可能性较小。同时，国有企业承担了更多的社会责任，且在薪酬制度、人才引进政策等方面受到了更多的制度限制，因此，在国有企业中，提升避税程度的政治风险较大，且通过避税来节约资金增加员工福利的动机较小。综上，就企业产权性质的调节作用而言，本章预期，在公众环境风险认知改变后，相对于国有企业，民营企业会更大幅度地提升税收规避水平。

表 6-5 展示了企业员工薪酬与产权属性特征对公众 PM2.5 污染认知与企业避税行为之间关系的调节作用。其中，第（1）（2）

栏中调节变量为企业职工薪酬水平（当 2011 年职工薪酬低于行业中位数时，变量 *Lower Worker Salary in* 2011 取值为 1，否则为 0）；第（3）（4）栏中调节变量为企业产权属性（当 2011 年企业为民营企业时，变量 *Non - SOE in* 2011 为 1，否则为 0）。调节变量与 *Treat* 和 *Post* 的三次交互项系数是关注的重点。结果显示，第（1）（2）栏中三次交互项系数均为负，且第（2）栏系数在 10% 水平上显著，这表明，当企业职工薪酬水平较低时，企业更倾向于规避税收。第（3）（4）栏中三次交互项系数均为负，且分别在 10%、5% 水平上显著，这表明，在公众环境风险认知的冲击下，相较于国有企业，民营企业更倾向于增加税收规避。上述结果说明，在企业员工更容易受到环境风险的影响而离开时，或者企业对劳动力市场更加敏感时，企业更倾向于增加税收规避来应对环境风险对区域人才吸引力的负面影响。

表 6 - 5　　　　　　　　　　企业特征的调节作用

	(1)	(2)	(3)	(4)
	$\Phi = $ *Lower Worker Salary in* 2011		$\Phi = $ *Non - SOE in* 2011	
Treat	0.002	-0.001	0.005	-0.002
	(0.46)	(-0.25)	(1.02)	(-0.34)
Post	0.022 ***	0.013 ***	0.027 ***	0.018 ***
	(6.17)	(3.46)	(7.24)	(4.63)
Treat × Post	-0.011 **	-0.009 *	-0.010 **	-0.008 *
	(-2.25)	(-1.72)	(-2.11)	(-1.66)
Φ	-0.003	-0.010 *	0.013 **	0.017 *
	(-0.61)	(-1.83)	(2.54)	(1.78)
Treat × Φ	-0.001	0.001	-0.004	0.005
	(-0.20)	(0.21)	(-0.59)	(0.75)
Post × Φ	-0.002	0.000	-0.007	-0.006
	(-0.36)	(0.04)	(-1.14)	(-1.04)

续表

	(1)	(2)	(3)	(4)
	$\Phi = Lower\ Worker\ Salary\ in\ 2011$		$\Phi = Non - SOE\ in\ 2011$	
Treat × Post × Φ	**- 0. 006** (- 1. 62)	**- 0. 007** * (- 1. 90)	**- 0. 007** * (- 1. 82)	**- 0. 009** ** (- 2. 07)
TaxRate		0. 469 *** (17. 10)		0. 465 *** (16. 90)
Ln (Asset)		- 0. 000 (- 0. 16)		- 0. 000 (- 0. 18)
Lev		- 0. 093 *** (- 10. 36)		- 0. 092 *** (- 10. 39)
RCH		0. 052 *** (3. 40)		0. 051 *** (3. 34)
PPE		- 0. 068 *** (- 6. 61)		- 0. 068 *** (- 6. 72)
Intangible		0. 011 (0. 40)		0. 003 (0. 11)
ROA		- 0. 373 *** (- 8. 94)		- 0. 365 *** (- 8. 87)
ROI		- 0. 637 *** (- 8. 02)		- 0. 636 *** (- 8. 10)
Loss		- 0. 008 (- 1. 59)		- 0. 009 * (- 1. 90)
MB		0. 004 *** (3. 83)		0. 004 *** (3. 79)
NSOE		- 0. 001 (- 0. 39)		- 0. 015 * (- 1. 81)
Ratio_IDs		- 0. 003 (- 0. 13)		- 0. 004 (- 0. 21)

续表

	（1）	（2）	（3）	（4）
	$\Phi = Lower\ Worker\ Salary\ in\ 2011$		$\Phi = Non - SOE\ in\ 2011$	
Big4		0.003		0.005
		(0.50)		(0.97)
TE		0.004		0.004
		(0.86)		(0.70)
Ln（AQI）		-0.003		-0.003
		(-0.90)		(-0.91)
Industry FE	YES	YES	YES	YES
N	15477	13557	15477	13557
Adj. R^2	0.102	0.210	0.102	0.209

注：***、**、*分别表示估计系数在 0.01、0.05、0.1 水平上显著，标准差经过城市 cluster 调整。

在人才市场竞争方面，本节重点讨论了行业内人才竞争压力以及区域间人才竞争压力。一般而言，行业市场竞争越激烈，企业越需要依赖适合的人才进行研发、市场拓展、管理谋划，以此提升企业的市场竞争力，即随着市场竞争的加剧，人才对企业发展的重要性逐渐提高，企业对人才流动的敏感程度会相应提升。此外，考虑到产业的集聚效应（Almazan 等，2007；Almazan 等，2010），如果企业所处行业中其他企业多位于其他城市，则企业中优秀员工被其他城市中同行"挖走"的可能性会增加，尤其是当其他城市的空气质量优于本城市空气质量时，更是如此。因此，可以预期，当企业所处行业市场竞争较为激烈时，或者当企业所在行业的其他企业多位于空气质量较好的城市时，企业更容易受到空气污染所导致的人才流失的影响，进而促进公众环境风险认知与企业避税行为之间的关系更加紧密。

表 6-6 的回归结果展示了人才市场竞争对公众 PM2.5 污染认

知与企业避税行为之间关系的调节作用。其中，第（1）（2）栏中调节变量为企业所在行业的赫芬达尔指数（当2011年行业竞争赫芬达尔指数低于样本中位数时，变量 *Lower Industry HHI in* 2011 为1，否则为0）；第（3）（4）栏中调节变量为企业所面临的来自环境更好地区的同业者竞争程度（当2011年来自空气质量更好城市的同业者数量与总同业者数量之比，高于样本中位数时，即企业面临环境更好的城市中同业者竞争的压力较大时，*Clean City Rivals in* 2011 取值为1，否则为0）。

表6－6　　　　　　　　人才市场竞争的调节作用

	(1)	(2)	(3)	(4)
	Φ = *Lower Industry HHI in* 2011		Φ = *Clean City Rivals in* 2011	
Treat	0.001	−0.004	−0.016	−0.011
	(0.29)	(−0.68)	(−1.43)	(−0.91)
Post	0.021 ***	0.011 ***	0.001	−0.003
	(5.61)	(2.74)	(0.06)	(−0.27)
Treat × Post	−0.010 **	−0.009 *	0.007	0.007
	(−2.14)	(−1.81)	(0.73)	(0.66)
Φ			−0.016	−0.009
			(−1.51)	(−0.76)
Treat × Φ	−0.000	0.007	0.043 ***	0.033 *
	(−0.01)	(0.94)	(2.62)	(1.85)
Post × Φ	0.002	0.006	0.023 **	0.017
	(0.37)	(1.14)	(2.48)	(1.55)
Treat × Post × Φ	**−0.006 ***	**−0.007 ***	**−0.050 *****	**−0.047 *****
	(−1.67)	**(−1.84)**	**(−3.18)**	**(−2.54)**
TaxRate		0.473 ***		0.470 ***
		(17.76)		(17.82)

续表

	（1）	（2）	（3）	（4）
	Φ = Lower Industry HHI in 2011		Φ = Clean City Rivals in 2011	
Ln（Asset）		− 0.000		− 0.000
		（− 0.20）		（− 0.18）
Lev		− 0.094 ***		− 0.095 ***
		（− 10.94）		（− 11.07）
RCH		0.047 ***		0.046 ***
		（3.21）		（3.17）
PPE		− 0.072 ***		− 0.072 ***
		（− 7.35）		（− 7.34）
Intangible		0.006		0.004
		（0.22）		（0.16）
ROA		− 0.350 ***		− 0.351 ***
		（− 8.82）		（− 8.87）
ROI		− 0.645 ***		− 0.646 ***
		（− 8.28）		（− 8.29）
Loss		− 0.006		− 0.006
		（− 1.34）		（− 1.30）
MB		0.003 ***		0.003 ***
		（3.43）		（3.46）
NSOE		− 0.002		− 0.002
		（− 0.78）		（− 0.78）
Ratio_IDs		− 0.003		− 0.004
		（− 0.15）		（− 0.22）
Big4		0.004		0.004
		（0.71）		（0.70）
TE		0.002		0.002
		（0.50）		（0.51）

续表

	(1)	(2)	(3)	(4)
	$\Phi = Lower\ Industry\ HHI\ in\ 2011$		$\Phi = Clean\ City\ Rivals\ in\ 2011$	
Ln（AQI）		− 0. 003		− 0. 003
		（− 0. 87）		（− 0. 74）
Industry FE	YES	YES	YES	YES
N	15477	13557	15477	13557
Adj. R^2	0. 101	0. 207	0. 102	0. 208

注：***、**、*分别表示估计系数在 0. 01、0. 05、0. 1 水平上显著，标准差经过城市 cluster 调整。因控制行业固定效应，第（1）（2）栏中 Φ 为缺失。

第（1）（2）栏中，调节变量与 Treat 和 Post 的三次交互项系数均为负数，且在 10% 水平上显著，这表明，当面临较强行业内竞争时，企业更倾向于提升避税水平，以此提高企业自身人才吸引力。在第（3）（4）栏中，调节变量与 Treat 和 Post 的三次交互项系数均为负数，且分别在 1% 与 5% 水平上显著，这表明，如果企业所处行业中其他企业多位于环境优美的城市，在公众环境风险认知改变的冲击下，拥有环境优势的同行更有可能"挖走"企业优秀员工，此时，为了应对人才流失，企业更有可能会通过避税来美化财务盈余，并将节省的资金用以提升企业人才吸引力。

6.4.3　稳健性检验

参照 Almond 等（2009）的研究，本章将中国北方城市（秦岭—淮河一线以北的城市）作为实验组，将南方城市（秦岭—淮河一线以南的城市）作为对照组，对本章结论进行稳健性检验。秦岭—淮河一线是中国重要的地理分界线，是亚热带季风气候与温带季风气候的分界线，也是中国政府冬季集中供暖的分界线，西起与青藏高原相连的秦岭余脉，东至东海海滨。由于季风气候以及供暖燃煤等多种原因，秦岭—淮河以南地区的空气质量要明显优于秦岭—淮河以北地区。考虑到北方城市更多地受到悬浮颗粒物的影响，在公众认知到 PM2.5 及其危害后，生活在秦岭—淮河以北城市的市民对 PM2.5 污染物的认识程度的敏感度更高，因此，可将北方城市作为实验组，而南方城市作为对照组。

表 6 - 7 展示了使用秦岭—淮河一线区分实验组与对照组的稳健性检验结果。第（1）栏没有添加控制变量，第（2）栏增加了企业层面的控制变量，而第（3）栏同时增加了企业与地区层面的控制质量。可以发现，不管是否增加控制变量，核心变量 Treat 与 Post 的交互项系数始终显著为负，这表明，在受到公众环境风险认知冲击后，相对于秦岭—淮河以南地区，秦岭—淮河以北地区的企业更多地提升了税收规避程度。这与本章的基本结论保持一致。

表 6 - 7 稳健性检验：使用秦岭—淮河一线区分实验组与对照组

	(1)	(2)	(3)
	ETR		
Treat	0.005	0.001	0.002
	(1.53)	(0.22)	(0.44)
Post	0.017 ***	0.010 ***	0.011 ***
	(8.66)	(5.00)	(4.55)
Treat × Post	**−0.013 ***	**−0.008 **	**−0.008 **
	(−3.74)	**(−2.34)**	**(−2.05)**
TaxRate		0.464 ***	0.485 ***
		(21.12)	(19.66)
Ln（*Asset*）		−0.000	−0.001
		(−0.31)	(−0.83)
Lev		−0.099 ***	−0.097 ***
		(−13.02)	(−11.92)
RCH		0.047 ***	0.051 ***
		(3.72)	(3.71)

续表

	(1)	(2)	(3)
		ETR	
PPE		− 0. 080 ***	− 0. 071 ***
		(− 9. 67)	(− 7. 92)
Intangible		− 0. 002	0. 003
		(− 0. 11)	(0. 10)
ROA		− 0. 323 ***	− 0. 334 ***
		(− 9. 66)	(− 9. 14)
ROI		− 0. 641 ***	− 0. 644 ***
		(− 9. 27)	(− 8. 52)
Loss		− 0. 007 *	− 0. 006
		(− 1. 77)	(− 1. 47)
MB		0. 003 ***	0. 003 ***
		(4. 15)	(3. 15)
NSOE		− 0. 005 *	− 0. 003
		(− 1. 92)	(− 1. 09)
Ratio_IDs		− 0. 002	0. 005
		(− 0. 15)	(0. 28)
Big4		0. 006	0. 006
		(1. 23)	(1. 32)
TE			0. 003
			(0. 63)
Ln (AQI)			− 0. 006 *
			(− 1. 88)
Industry FE	YES	YES	YES
N	19326	17385	14416
Adj. R^2	0. 091	0. 199	0. 203

注: *** 、 ** 、 * 分别表示估计系数在 0. 01、0. 05、0. 1 水平上显著, 标准差经过城市 cluster 调整。

此外，考虑到公众对环境风险的认知发生在 2011 年末，本章的基本模型将 2011 年作为事件发生之前来设定双重差分模型中的 Post 变量。在稳健性检验中，本章剔除了 2011 年样本，重新进行稳健性检验。

表 6 - 8 展示了剔除事件发生当年样本后的稳健性检验结果。第（1）—（3）栏的结果表明，核心变量 Treat 与 Post 的交互项系数始终为负，且在 5% 水平上显著。这意味着，在剔除 2011 年（事件发生当年）样本的情况下，公众环境风险认知改变的冲击仍然会使高污染地区的企业提高税收规避水平。这与本章的基本结论保持一致。

表 6 - 8　　　　稳健性检验：剔除事件发生当年样本

	（1）	（2）	（3）
	ETR		
Treat	0.004	- 0.003	- 0.001
	(0.89)	(- 0.67)	(- 0.26)
Post	0.024 ***	0.013 ***	0.014 ***
	(8.47)	(4.37)	(4.07)
Treat × Post	**- 0.019 *****	**- 0.010 ****	**- 0.011 ****
	(- 4.59)	**(- 2.34)**	**(- 2.46)**
TaxRate		0.467 ***	0.473 ***
		(18.65)	(18.33)
Ln（Asset）		- 0.001	- 0.001
		(- 0.87)	(- 0.81)
Lev		- 0.095 ***	- 0.096 ***
		(- 11.17)	(- 11.12)
RCH		0.049 ***	0.047 ***
		(3.48)	(3.25)
PPE		- 0.070 ***	- 0.071 ***
		(- 7.33)	(- 7.32)

续表

	（1）	（2）	（3）
		ETR	
Intangible		0. 013	0. 006
		（0. 52）	（0. 24）
ROA		- 0. 367 ***	- 0. 371 ***
		（ - 9. 19）	（ - 9. 18）
ROI		- 0. 640 ***	- 0. 638 ***
		（ - 8. 18）	（ - 8. 03）
Loss		- 0. 007	- 0. 006
		（ - 1. 55）	（ - 1. 21）
MB		0. 003 ***	0. 003 ***
		（3. 37）	（3. 17）
NSOE		- 0. 002	- 0. 002
		（ - 0. 57）	（ - 0. 77）
Ratio_IDs		- 0. 006	- 0. 006
		（ - 0. 31）	（ - 0. 32）
Big4		0. 007	0. 008
		（1. 45）	（1. 52）
TE			0. 003
			（0. 58）
Ln （AQI）			- 0. 002
			（ - 0. 54）
Industry FE	YES	YES	YES
N	13837	12500	12136
Adj. R^2	0. 099	0. 204	0. 205

注： *** 、 ** 、 * 分别表示估计系数在 0. 01、0. 05、0. 1 水平上显著，标准差经过城市 cluster 调整。

本章使用变量 *Current_ETR* 与 *Cash_ETR* 来替代主回归模型中

的被解释变量 ETR，进行稳健性检验。其中，Current_ETR 是当期应交所得税税率，其值等于企业所得税费用与递延所得税费用的差值，并除以税前总利润；Cash_ETR 是现金所得税税率，其值等于企业当年纳税所支付的现金与税前利润之比。

表6-9展示了替换被解释变量后的回归结果，第（1）—（3）栏的被解释变量为 Current_ETR，其中核心变量 Treat 与 Post 的交互项系数始终为负，且在5%水平上显著。第（4）—（6）栏的被解释变量为 Cash_ETR，其中核心变量 Treat 与 Post 的交互项系数始终显著为负。上述结果表明，不管是使用当期所得税税率还是现金所得税税率来反映企业避税行为，都可以得到一致性的结论：在公众环境风险认知改变后，相对于低污染地区，高污染地区的企业避税程度会显著提高。这也与本章的基本结论保持一致。

表6-9　　　　　　　稳健性检验：替换被解释变量

	（1）	（2）	（3）	（4）	（5）	（6）
	Current_ETR			Cash_ETR		
Treat	-0.002	-0.005	-0.004	0.005	-0.004	0.003
	（-0.48）	（-1.15）	（-0.83）	（0.57）	（-0.44）	（0.29）
Post	0.012***	0.009*	0.009*	0.033***	0.020***	0.025***
	（3.63）	（1.71）	（1.68）	（5.17）	（2.89）	（3.41）
Treat × Post	**-0.012****	**-0.009****	**-0.009****	**-0.022****	**-0.016***	**-0.018****
	（-2.54）	**（-2.10）**	**（-2.12）**	**（-2.43）**	**（-1.87）**	**（-2.01）**
TaxRate		0.482***	0.476***		0.264***	0.264***
		（16.05）	（15.63）		（4.10）	（3.98）
Ln（Asset）		-0.000	-0.000		-0.004	-0.004
		（-0.05）	（-0.03）		（-1.16）	（-1.16）
Lev		-0.099***	-0.100***		-0.118***	-0.117***
		（-10.44）	（-10.36）		（-6.53）	（-6.44）
RCH		0.052***	0.049***		0.214***	0.215***
		（3.32）	（3.10）		（6.51）	（6.52）

续表

	(1)	(2)	(3)	(4)	(5)	(6)
	Current_ETR			Cash_ETR		
PPE		− 0.085 ***	− 0.087 ***		0.030	0.030
		(− 7.83)	(− 7.81)		(1.21)	(1.18)
Intangible		− 0.008	− 0.010		− 0.000	0.008
		(− 0.28)	(− 0.35)		(− 0.00)	(0.13)
ROA		− 0.541 ***	− 0.548 ***		− 1.335 ***	− 1.333 ***
		(− 12.84)	(− 12.94)		(− 15.72)	(− 15.65)
ROI		− 0.589 ***	− 0.584 ***		− 1.976 ***	− 1.958 ***
		(− 6.16)	(− 6.03)		(− 13.33)	(− 13.23)
Loss		− 0.026 ***	− 0.023 ***		− 0.058 ***	− 0.058 ***
		(− 4.56)	(− 3.98)		(− 5.72)	(− 5.63)
MB		0.003 ***	0.003 ***		− 0.004 ***	− 0.004 ***
		(3.81)	(3.70)		(− 2.90)	(− 2.74)
NSOE		0.001	0.000		− 0.046 ***	− 0.045 ***
		(0.24)	(0.11)		(− 5.57)	(− 5.45)
Ratio_IDs		− 0.018	− 0.014		0.099 **	0.103 **
		(− 0.84)	(− 0.63)		(2.02)	(2.09)
Big4		0.007	0.007		0.040 **	0.041 **
		(1.08)	(1.10)		(2.50)	(2.52)
TE			0.002			0.006
			(0.34)			(0.50)
Ln (AQI)			− 0.003			− 0.018 **
			(− 0.83)			(− 2.08)
Industry FE	YES	YES	YES	YES	YES	YES
N	13878	13647	13295	13097	11590	11291
Adj. R²	0.076	0.165	0.164	0.087	0.228	0.228

注：*** 、** 、* 分别表示估计系数在 0.01、0.05、0.1 水平上显著，标准差经过城市 cluster 调整。

此外，本章还使用安慰剂检验（Placebo Test）进行稳健性分析，以确保回归结果所呈现的规律并非是偶然现象。首先，在样本城市中随机选择 47 个城市（即与实验组中包含的城市数量相等）作为安慰剂检验中的实验组，并将其余城市作为控制组。然后，基于新生成的实验组与控制组，对表 6-3 中第（3）栏模型进行回归，得到核心变量 $Treat$ 与 $Post$ 的交互项系数。将上述步骤重复 5000 次。

图 6-1 报告了安慰剂检验系数的分布结果。可以看到，其均值为 0，标准差为 0.056，最大值为 0.017，最小值为 -0.015。由表6-3 中第（3）栏可知，真实的 $Treat$ 与 $Post$ 交互项系数为 -0.015，在 5000 次安慰剂回归得到的交互项系数仅有 3 次低于真实的系数，说明本书的回归结果并非源于偶然，即通过了安慰剂检验。

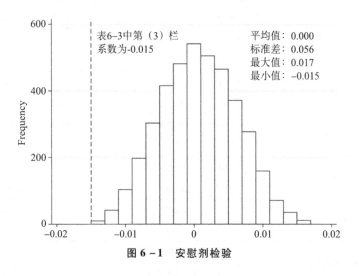

图 6-1　安慰剂检验

6.5　进一步分析——检验基于代理理论的替代性解释

对于管理层代理问题是否会引发企业避税行为，现有文献并没有统一的结论。一方面，Desai 和 Dharmapala（2006）认为，企业避税行为与管理层代理问题有关，这是由于税收规避降低了财务报告的信息含量以及企业的透明度，而管理者可以利用这个机会转移企业资源，谋取私利。另一方面，Minnick 和 Noga（2010）使用多种企业治理的代理变量，并没有发现企业治理水平与企业避税行为之间的关系。Armstrong 等（2015）则直接反驳了 Desai 和 Dharmapala（2006）的观点，认为企业税收规避更像是一种投资，只是存在投资过度或者投资不足的情况，且通过实证发现，企业治理机制与企业避税行为之间并没有关联。

本书第 3 章的研究发现，公众环境风险认知所引发的冲击，会降低高污染地区独立董事人数以及比例。一般而言，独立董事制度是企业治理的重要组成，随着董事会独立性的下降，管理层代理问题可能会更加严重。假设 Desai 和 Dharmapala（2006）的理论分析是合理的，则公众环境风险认知会通过弱化企业治理机制，来增加管理层通过税收规避获得私利的可能性。

虽然本章实证回归中控制了独立董事比例等反映企业治理结构的变量，但还不足以排除基于管理层代理问题的替代性解释。高管持股增加了管理层与股东之间利益的一致性，减少了管理层谋取私利的动机（Jensen 和 Meckling，1976）。如果公众环境风险认知与企业避税行为之间的关系是管理层代理问题的表现，那么，公众环境风险认知所引发的管理层代理问题会因管理层持股减弱，因此，可以预期，在管理层持股（$MSHD=1$）时，公众环境风险认知与企业避税行为之间的关联应较弱。为了检验这一基于代理理论的预期，本章构建了如下模型：

$$ETR = \alpha_0 + \alpha_1 Treat + \alpha_2 Post + \alpha_3 Treat \times Post + \alpha_4 Treat \times MSHD$$
$$+ \alpha_5 Post \times MSHD + \alpha_6 Treat \times Post \times MSHD + \sum ControlVars + \varepsilon$$

$$(6.5)$$

模型 6.5 在模型 6.1 的基础上，加入了 Treat、Post 与 MSHD 三次交互项，以此检验管理层持股对公众环境风险认知与企业避税行为之间关系的影响，基于代理理论的替代性解释预期，三次交互项的系数应当显著为正。表6－10展示了检验结果，其中三次交互项的系数在第（1）栏中为正，而在第（2）（3）栏中为负，且均不显著，这与基于代理理论的预期相矛盾，因此，本章可以排除代理理论对公众环境风险认知与企业避税行为之间关系的替代性解释。

表6－10　　进一步分析：检验基于代理理论的替代性解释

	(1)	(2)	(3)
	ETR		
Treat	− 0. 001	− 0. 005	− 0. 005
	(− 0. 10)	(− 0. 89)	(− 0. 81)
Post	0. 024 ***	0. 015 ***	0. 014 ***
	(4. 91)	(3. 13)	(2. 81)
Treat × Post	− 0. 021 ***	− 0. 010 *	− 0. 012 **
	(− 3. 05)	(− 1. 85)	(− 2. 07)
MSHD	− 0. 009 *	− 0. 006	− 0. 007
	(− 1. 85)	(− 1. 21)	(− 1. 43)
Treat × MSHD	0. 004	0. 006	0. 008
	(0. 53)	(0. 84)	(1. 10)
Post × MSHD	− 0. 003	− 0. 003	− 0. 001
	(− 0. 59)	(− 0. 51)	(− 0. 19)
Treat × Post × MSHD	**0. 004**	**− 0. 002**	**− 0. 004**
	(0. 56)	**(− 0. 24)**	**(− 0. 47)**
TaxRate		0. 467 ***	0. 472 ***
		(18. 69)	(18. 44)
Ln (Asset)		− 0. 001	− 0. 001
		(− 0. 51)	(− 0. 46)
Lev		− 0. 094 ***	− 0. 095 ***
		(− 11. 41)	(− 11. 34)

续表

	（1）	（2）	（3）
		ETR	
RCH		0. 047 ***	0. 044 ***
		(3. 33)	(3. 12)
PPE		− 0. 069 ***	− 0. 070 ***
		(− 7. 41)	(− 7. 39)
Intangible		0. 009	0. 003
		(0. 36)	(0. 10)
ROA		− 0. 339 ***	− 0. 341 ***
		(− 9. 03)	(− 9. 01)
ROI		− 0. 651 ***	− 0. 648 ***
		(− 8. 55)	(− 8. 40)
Loss		− 0. 009 *	− 0. 007
		(− 1. 94)	(− 1. 61)
MB		0. 003 ***	0. 003 ***
		(3. 35)	(3. 18)
NSOE		− 0. 000	− 0. 001
		(− 0. 12)	(− 0. 34)
Ratio_IDs		0. 001	0. 001
		(0. 08)	(0. 06)
*Big*4		0. 004	0. 005
		(0. 91)	(1. 00)
TE			0. 003
			(0. 69)
Ln （*AQI*）			− 0. 002
			(− 0. 60)
Industry FE	YES	YES	YES
N	15477	13921	13557
Adj. R^2	0. 101	0. 205	0. 205

注：*** 、 ** 、 * 分别表示估计系数在 0.01、0.05、0.1 水平上显著，标准差经过城市 cluster 调整。

6.6 本章结论与启示

本章以公众环境风险认知为研究背景，探讨了高污染地区的企业如何利用税收规避提升自身人才吸引力，并以此缓解公众环境认知对高污染地区人才吸引力的负面影响。

以中国沪深 A 股上市公司为研究样本，本章选择公众环境风险认知改变前后各五年，即 2007—2016 年为研究区间，通过构建双重差分模型，实证检验了公众对 PM2.5 环境风险的认知如何影响企业的税收规避行为。本章研究发现：第一，面对环境风险认知的冲击，位于空气污染较为严重地区的企业会提升税收规避程度，以此来提高报表盈余，并增加企业的人力资本投资，这可以增加企业自身吸引人才的能力，弥补环境污染对区域人才吸引力的负面作用；第二，企业对环境风险的敏感程度对环境风险认知与企业避税行为之间的关系起到了调节作用，当企业支付给职工的薪酬较低，以及企业为民营企业时，环境风险认知对企业避税行为的影响更为显著；第三，人才市场的竞争程度对环境风险认知与企业避税行为之间的关系起到了调节作用，当企业所面临的行业市场竞争较为激烈时，以及企业所面临的来自空气质量更好城市的同业者竞争较为激烈时，环境风险认知对企业税收规避的提升作用更为显著；第四，稳健性研究先后使用了秦岭—淮河南北作为分界线区分实验组与对照组城市、去除事件发生当年样本、替换企业税收规避衡量指标，以及安慰剂检验这四种检验方式，验证了研究结论的稳健性；第五，在进一步研究中，本章排除了基于管理层代理理论的替代性解释。

本章研究系统检验了公众环境污染认知如何影响微观企业的避税行为，研究结论具有重要的理论价值。首先，本章从企业税收规避行为的角度，丰富了区域人力资本市场经济后果的研究；同时，本章从环境风险的视角，丰富了企业避税行为影响因素的研究。对于政府政策制定与企业经营，本章也可提供相应的启示。一方面，地方政府应该更加重视环境保护，这不仅关系到居民的身体健康，还与区域人才吸引力密切相关。随着国民收入水平的提高，人们越来越重视生活环境的质量。较差的自然环境无疑会降低地方城市吸引和维持人才的可能性，进而增加了企业经营成本，阻碍了企业长期发展。因此，政府应当优先发展环境友好型产业，并配合积极的人才吸引政策，以此缓解企业所面临的人才短缺困境；另一方面，人才是企业发展的关键和核心竞争力，企业应当利用包括薪酬安排在内的方法，积极吸引人才，储备人才，为企业发展提供人才基础。

研究结论、启示与未来展望

7.1　研究结论

本章对本书研究结果进行了归纳、总结，并阐述了本书研究的启示、不足以及未来可能的研究方向。

自改革开放以来，中国粗放式的高速发展，造成了系统性的环境污染问题。然而，城市的自然环境质量是影响区域人才流动的重要因素，同时，随着国民收入水平的提升，人们更加重视现在与未来的生活环境，并对环境质量提出了更高要求，这就形成了人们追求更好生存环境的愿望与现实自然环境污染之间的矛盾。在中国产业结构转型升级，大力发展环境友好型经济的关键时期，透过区域劳动力流动的视角，探讨自然环境质量对社会经济基本单位——企业的董事会人才结构以及人才吸引行为的影响具有重要意义。本书选择 2007—2016 年间的中国沪深 A 股上市公司为研究样本，系统地考察了公众环境风险认知对企业董事会结构、高管薪酬、盈余管理行为以及避税行为的影响及其经济后果，并讨论了企业基本特征（如盈利能力、产权属性）、董事个人特征（如年龄、性别）以及人才市场竞争压力在其中的调节作用，得出如下主要结论。

首先，独立董事是企业的高级管理人员，在公司决策和治理过程中发挥着重要作用，且独立董事一般身兼多职，在工作场所的选择上拥有更多的自由和空间。本书以 2007—2016 年间的中国沪深

A 股上市公司为研究样本，手工收集了独立董事生活与工作的地理位置，及其他企业财务数据与城市特征数据，并以 2011 年末（公众空气污染认知发生年份）处于高污染城市的样本作为实验组，而空气质量相对较好的城市作为对照组，通过构建双重差分模型，检验了公众对 PM2.5 环境风险认知对实验组中独立董事工作地选择的影响效应，体现为企业董事会结构（独立董事人数、比例以及地区来源）的变化。以下为主要研究发现。第一，公众对环境污染风险的认知显著降低了高污染地区独立董事的供给，表现为，相对于低污染地区，高污染地区的企业董事会中独立董事数量以及比例呈现显著下降趋势，且离开企业的独立董事主要来自空气质量较好的地区。第二，企业与董事个体特征起到了重要的调节作用。在企业特征方面，当企业支付给独立董事的薪酬较低、企业盈利能力较差，以及企业为民营企业时，环境风险认知对区域独立董事供给的影响更为显著。在董事个体特征方面，当独立董事年龄较大以及独立董事为女性时，环境风险认知对区域独立董事供给的影响更为显著。第三，针对独立董事个体行为的进一步研究发现，环境风险认知会影响独立董事个体的工作选择，受到影响的独立董事会逃离高污染地区而转移到空气质量较好的城市。第四，针对公司治理与企业市场价值的研究发现，公众环境风险认知使得独立董事减少了在高污染地区的参会比例，也对企业市场价值造成了负面影响。

其次，激励机制的设计，是当代经济学与管理学研究的重点，而针对高级管理者的薪酬安排则是企业激励机制的核心构成，合理的薪酬安排可以激励高管恪尽职守，增加企业对高管人才的吸引力。公众对 PM2.5 环境风险的认知，会弱化空气质量较差地区的人才吸引力，进而增加企业聘用合适高级管理人才的难度，本书以高管薪酬为研究对象，探讨了企业如何通过高管薪酬安排增加自身的人才吸引力，以此缓解空气污染的负面作用。本书以中国沪深 A 股上市公司为研究样本，选择公众环境风险认知改变前后各五年，即 2007—2016 年为研究区间，通过双重差分模型实证检验了公众对 PM2.5 环境风险的认知如何影响企业的高管薪酬安排。研究发现：第一，面临环境风险认知的冲击，位于空气污染较为严重地区的企业会增加高管薪酬水平，以此来增加自身吸引管理人才的能力，弥补环境污染对区域人才吸引力的负面作用；第二，企业产权属性对环境风险认知与高管薪酬之间的关系起到了调节作用，相对于国有企业，民营企业的薪酬制度更加灵活，且对经营环境的变化更加敏感，因此，民营企业的产权属性强化了环境风险认知冲击对高管薪酬的提升作用；第三，人才市场的竞争也会起到调节作用，当企业所面临的行业市场竞争较为激烈时，以及企业所面临的来自空气质量更好城市的同业者竞争较为激烈时，环境风险认知对高管薪酬的提升作用更为显著；第四，稳健性研究先后使用，秦岭—淮河南北为分界线区分实验组与对照组城市，去除事件发生当年样本以及安慰剂检验这三种检验方式，印证了研究结论的稳健性；第五，在进一步研究中，首先探讨了环境风险认知与高管薪酬业绩敏感性的关系，其结果表明，环境风险认知会增加高污染地区中企业的高管薪酬业绩敏感性，但证据的统计显著性较低，同时本书排除了基于管理层代理理论的替代性解释。

再次，盈余管理具有信号作用，企业通过向上盈余管理进行财务粉饰可以向现有员工或潜在员工传递积极的信号，例如，该企业发展良好，可为员工提供稳定且有前途的工作，这些信号增加了企业对人才的吸引力。糟糕的空气质量会降低一个区域的吸引力，增加该区域企业招聘员工的成本，因此，本书探讨了，在公众环境风险认知改变所导致的区域人才吸引力变动的背景下，企业是否会通过盈余管理来美化财务报表，以提升自身对人才的吸引力。本书选择 2007—2016 年为研究区间，以中国沪深 A 股上市公司为样本，通过双重差分模型实证检验了公众环境风险认知对企业盈余管理行为的影响，研究发现：第一，在公众环境风险认知改变的冲击下，相对于低污染地区，高污染地区的企业为了吸引人才，会增加正向盈余管理的幅度，达到粉饰财务报表的目的；第二，本书进一步进行了平行趋势检验，以确保双重差分模型符合平行性假定的前提条件。平行性假设检验的结果显示，实验组与对照组在事件发生之前的变动规律保持一致，而在事件冲击之后发生了显著差异，这符合平行性假定的要求；第三，企业特征与市场竞争起到了重要的调节作用。当企业支付给职工的薪酬较低、企业为民营企业，企业所处行业竞争较为激烈时，以及同行业在空气质量较好地区的企业数量较多时，公众环境风险认知对企业盈余管理行为的影响更为显著；第四，为提高稳健性，本书使用秦岭—淮河南北为分界线重新区分了实验组与对照组城市、去除事件发生当年样本以及开展安慰剂检验。在进行上述三方面的稳健性检验后，结论保持不变；第五，在进一步研究中，本书排除了基于管理层代理理论的替代性解释。

最后，企业所得税是一项重要的现金支出，约占企业税前利润的 25%。企业可以利用税收规避来提升人才吸引力。一方面，通过避税行为，企业可以增加利润与现金留存，以此补贴企业高管或普通员工薪酬，并增加人力资本投资；另一方面，企业避税的直接效果是提升了会计盈余，美化了财务报告，而优秀的财务报告可以向现有员工或潜在员工传递积极的信号。糟糕的自然环境，例如严重的空气污染，会降低一个区域的吸引力，因此，本书使用公众对 PM2.5 环境风险的认知为研究背景，探讨了区域环境风险对企业避税水平的影响。本书以中国沪深 A 股上市公司为研究样本，选择 2007—2016 年为研究区间，构建了双重差分模型。研究发现：第一，面临环境风险认知的冲击，位于空气污染较为严重地区的企业会提升税收规避程度，以此来提高报表盈余，并增加企业的人力资本投资，这可以增加企业自身吸引人才的能力，弥补环境污染对区域人才吸引力的负面作用；第二，企业对环境风险的敏感程度对环境风险认知与企业避税行为之间的关系起到了调节作用，当企业支付给职工的薪酬较低，以及企业为民营企业时，环境风险认知对企业避税行为的影响更为显著；第三，人才市场的竞争程度对环境风险认知与企业避税行为之间的关系起到了调节作用，当企业所面临的行业市场竞争较为激烈时，以及企业所面临的来自空气质量更好城市的同业者竞争较为激烈时，环境风险认知对企业税收规避的提升作用更为显著；第四，稳健性研究先后使用了秦岭—淮河南北作为分界线区分实验组与对照组城市、去除事件发生当年样本、替换企业税收规避衡量指标，以及安慰剂检验这四种检验方式，验证了研究结论的稳健性；第五，在进一步研究中，本书排除了基于管理层代理理论的替代性解释。

7.2 研究启示

结合研究结论，本书从政府层面与企业层面两个视角归纳了研究启示，具体如下：

对于政府的启示。一方面，随着经济的发展，人们追求更好生存环境的愿望与现实自然环境污染之间的矛盾越来越尖锐，这需要政府更加重视环境保护，增加环境治理投资，将原有环境消耗型的粗放经济发展模式转变成环境友好型经济模式。同时，政府应当鼓励企业与居民参与环境保护的行动，在企业生产以及居民生活的各个环节做到节能减排，绿色环保，在经济生活的点滴中保护环境，形成公众环保意识。另一方面，人才是企业健康运行以及创新发展的核心，并且优秀的企业可以为地方产业结构的转型升级提供重要支撑，然而，糟糕的自然环境无疑会降低地方城市吸引和维持人才的可能性，进而增加了企业经营成本，阻碍了企业长期发展，因此，地方政府在环境保护的同时，还需要出台更友好的人才政策，以此缓解企业所面临的人才短缺困境。

对于企业的启示。一方面，公众环境风险认知降低了高污染地区企业的独立董事人数、比例以及董事会参与率，直接弱化了独立董事的治理作用，进而会损害企业市场价值，因此，企业需要提前储备独立董事人才以应对可能的人才短缺，并完善企业治理体系，以减少董事会结构变动可能造成的负面影响。另一方面，人才是企业发展的关键和核心竞争力，面对环境污染对区域人力资本市场的负面影响，企业在做好人才储备的同时，应当利用自身资源，增加人力资本投资，扩大企业招聘范围，向市场传递正面信息，并使用更为灵活且具有市场竞争力的薪酬安排来吸引人才。

7.3　研究局限与未来展望

7.3.1　研究局限

尽管本书研究尽力做到有理有据地提出假设，科学谨慎地检验探索，但受限于客观条件，本书研究仍存在一定程度的局限。主要体现在以下几个方面：

首先，本书研究所涉及的自然环境风险，仅限于以 PM2.5 为主要污染物的空气污染。影响区域人才吸引力的自然因素很多，除了空气污染以外，还包括水资源质量、气候条件以及自然灾害等因素。因研究篇幅、时间，以及样本数量限制，本书研究并没有系统地探索自然环境与区域人才吸引力之间的关系，而是选择了近些年受到中国公众广泛关注的空气污染事件作为研究对象。

其次，本书仅以董事会中独立董事构成的变化为代表，探讨了环境风险认知对企业人才吸引力的影响。理论上，通过改变区域人才吸引力，环境风险对企业人才结构的影响应当是全面且深刻的。然而，考虑到，独立董事一般身兼多职，对生活质量的要求较高，更容易因糟糕的空气质量而更换工作地，且独立董事的数据具有可获得性，本书认为，独立董事可以为研究自然环境风险与企业人才结构之间的关系提供合适的切入点。尽管如此，只从董事会的角度来观察企业人才吸引力的变动，仍存在以偏概全的风险。

最后，本书研究样本存在局限性。考虑到研究目标，本书要求样本企业所在城市测算空气质量指数，但并非所有城市都进行了空气质量检测，尤其是在 2011 年前，只有 113 个重点城市受到了监控。尽管这些重点城市构成了中国经济的主体，且聚集了远远高于其他城市的人口，具有较高的代表性，但这种城市样本选择的局限性仍然可能影响本书研究结论的可靠性。

7.3.2　未来展望

综观本书已有研究成果以及研究中存在的不足，尚有许多话题可以作为未来研究的方向，于是，展望如下：

第一，进一步扩展区域人力资本市场影响因素的研究。本书仅探讨了空气污染对区域人力资本市场的影响，今后研究可以从自然环境的其他方面，如水资源质量、气候条件以及自然灾害等，来探讨自然因素与区域人力资本市场之间的关系。除了自然因素外，人为产生的环境变迁，如核污染、有毒气体泄漏等大幅影响区域环境的突发事件也可以作为探讨区域人力资本市场的切入点。

第二，进一步扩展企业不同层面人才结构的研究。本书仅从董事会中独立董事构成的变化，探讨了环境风险对企业人才结构的影响。然而，企业人才不仅限于管理人才，还包括各个技术岗位的人才，本书只研究了企业人才构成的很小一部分。今后研究可以从企业 CEO、CFO 等重要管理岗位的人员更替角度来探讨环境风险对企业管理人才的影响，也可以从企业科研创新岗位人员的配置角度来探讨环境风险对企业技术创新人才的影响。

第三，进一步扩展企业人才吸引行为的研究。本书探讨了企业薪酬安排、盈余管理以及避税行为作为企业人才吸引力的手段的作用。人才是企业发展的核心，企业总是千方百计地吸引人才，其吸引人才的手段绝不仅限于本书所探讨的三个方面。今后研究可以进一步扩展企业人才吸引行为的探讨。企业与员工之间既有显性契约也有隐性契约，现有研究对显性契约研究较多，但忽视了隐性契约的重要性。在现实生活中，企业与员工之间的隐性契约，如舒适的工作氛围、良好的愿景与企业文化，以及稳定的工作与晋升预期等，在企业人才吸引的过程中发挥了重要作用，不应被忽视。

第四，进一步扩展环境风险经济后果的研究。本书从企业人才结构以及企业人才吸引行为的视角，探讨了环境风险在企业层面的经济后果。理论上，环境风险作为企业经营环境的一部分，会影响企业的诸多方面。例如，突发灾害可能破坏厂房，使生产企业无法按时完成订单，这影响了生产企业在产业链条中的信誉，甚至会在市场竞争中被同行取代；又如，持续的降雨、降雪天气可能阻碍城市内员工通勤，并延后城市间人员往来，这一方面会影响员工工作情绪以及工作效率，另一方面会影响企业间资本与信息的流动。综上，今后研究可以进一步扩展环境风险在企业层面的经济后果，帮助企业更好地应对环境风险，这具有重要的现实与研究意义。

参考文献

［1］蔡昉．人口迁移和流动的成因、趋势与政策［J］．中国人口科学，1995（6）：8－16．

［2］蔡宏标，饶品贵．机构投资者、税收征管与企业避税［J］．会计研究，2015（10）：59－65．

［3］陈德球，陈运森，董志勇．政策不确定性、税收征管强度与企业税收规避［J］．管理世界，2016（5）：151－163．

［4］陈骏，徐玉德．高管薪酬激励会关注债权人利益吗？——基于我国上市公司债务期限约束视角的经验证据［J］．会计研究，2012（9）：73－81．

［5］陈胜蓝．股权分置改革、盈余管理与高管薪酬业绩敏感性［J］．金融研究，2012（10）：180－190．

［6］杜鹏程，徐舒，吴明琴．劳动保护与农民工福利改善——基于新《劳动合同法》的视角［J］．经济研究，2018（3）：64－78．

［7］方军雄．高管权力与企业薪酬变动的非对称性［J］．经济研究，2011（4）：107－120．

［8］梁琦．分工、集聚与增长［M］．北京：北京商务印书馆，2009．

［9］廖冠民，陈燕．劳动保护、劳动密集度与经营弹性：基于2008年《劳动合同法》的实证检验［J］．经济科学，2014（2）：91－103．

［10］刘慧龙．控制链长度与公司高管薪酬契约［J］．管理世

界，2017（3）：95－112.

［11］刘媛媛，刘斌．劳动保护、成本粘性与企业应对［J］．经济研究，2014（5）：63－76.

［12］陆益龙．户口还起作用吗——户籍制度与社会分层和流动［J］．中国社会科学，2008（1）：149－162.

［13］罗宏，黄敏，周大伟，等．政府补助、超额薪酬与薪酬辩护［J］．会计研究，2014（1）：42－48.

［14］马连福，王元芳，沈小秀．国有企业党组织治理、冗余雇员与高管薪酬契约［J］．管理世界，2013（5）：100－130.

［15］倪骁然，朱玉杰．劳动保护、劳动密集度与企业创新——来自2008年《劳动合同法》实施的证据［J］．管理世界，2016（7）：154－167.

［16］潘红波，陈世来．《劳动合同法》、企业投资与经济增长［J］．经济研究，2017（4）：92－105.

［17］权小锋，吴世农，文芳．管理层权力、私有收益与薪酬操纵［J］．经济研究，2010（11）：73－87.

［18］王桂新，潘泽瀚，陆燕秋．中国省际人口迁移区域模式变化及其影响因素——基于2000和2010年人口普查资料的分析［J］．中国人口科学，2012（5）：2－13.

［19］王雄元，何捷．行政垄断、公司规模与CEO权力薪酬［J］．会计研究，2012（11）：33－38.

［20］吴联生．国有股权、税收优惠与公司税负［J］．经济研究，2009（10）：109－120.

［21］巫锡炜，郭静，段成荣．地区发展、经济机会、收入回报与省际人口流动［J］．南方人口，2013（6）：54－61.

［22］辛清泉，谭伟强．市场化改革、企业业绩与国有企业经理薪酬［J］．经济研究，2009（11）：68－81.

［23］杨德明，赵璨．媒体监督、媒体治理与高管薪酬［J］．

经济研究，2012（6）：116 – 126.

［24］曾亚敏，张俊生. 税收征管能够发挥公司治理功用吗？
［J］. 管理世界，2009（3）：143 – 151.

［25］张敏，姜付秀. 机构投资者、企业产权与薪酬契约
［J］. 世界经济，2010（8）：43 – 58.

［26］Acemoglu, D. , Newman, A. F. , "The Labor Market and Corporate Structure", European Economic Review, Vol. 46（10）, pp1733 – 1756, 2002.

［27］Adukia, A. , Asher, S. , Novosad, P. , "Educational Investment Responses to Economic Opportunity: Evidence from Indian Road Construction", Mpra Paper, University Library of Munich, 2017.

［28］Agarwal, S. , Mukherjee, A. , Naaraayanan, S. L. , "Roads and Loans", Working Paper, National University of Singapore, 2018.

［29］Alam, Z. S. , Chen, M. A. , Ciccotello, C. S, Ryan, H. E. , "Does the Location of Directors Matter? Information Acquisition and Board Decisions", Journal of Financial and Quantitative Analysis, Vol. 49（1）, pp131 – 164, 2014.

［30］Albouy, D. , Leibovici, F. , Warman, C. , "Quality of Life, Firm Productivity, and the Value of Amenities across Canadian Cities", Canadian Journal of Economics, Vol. 46（2）, pp379 – 411, 2013.

［31］Almazan, A. , Motta A. , D. , Titman, S. , "Firm Location and the Creation and Utilization of Human Capital", Review of Economics Studies, Vol. 74（4）, pp1305 – 1327, 2007.

［32］Almazan, A. , Motta, A. D. , Titman, S. , Uysal, V. , "Financial Structure, Acquisition Opportunities, and Firm Locations", Journal of Finance, Vol. 65（2）, pp529 – 563, 2010.

[33] Almond, D. V. , Chen, Y. , Greenstone, M. , Li, H. , "Winter Heating or Clean Air? Unintended Impacts of China's Huai River Policy", American Economic Review: Papers & Proceedings, Vol. 99 (2), pp184 – 190, 2009.

[34] Andersson, F. , Burgess, S. , Lane, J. I. , "Cities, Matching and the Productivity Gains of Agglomeration", Journal of Urban Economics, Vol. 61 (1), pp112 – 128, 2007.

[35] Ang, J. , Nagel, G. , Yang, J. , "The Effect of Social Pressures on CEO Compensation", Working Paper, Florida State University, 2010.

[36] Armstrong, C. S. , Blouin, J. L. , Larcker, D. F. , "The Incentives for Tax Planning", Journal of Accounting and Economics, Vol. 53 (1), pp391 – 411, 2012.

[37] Armstrong, C. S. , Blouin J. L. , Jagolinzer, A. D. , Larcker, D. F. , "Corporate Governance, Incentives, and Tax Avoidance", Journal of Accounting and Economics, Vol. 60 (1), pp1 – 17, 2015.

[38] Au, C. C. , Henderson, J. V. , "How Migration Restrictions Limit Agglomeration and Productivity in China", Journal of Development Economics, Vol. 80 (2), pp350 – 388, 2006.

[39] Au, C. C. , Henderson, J. V. , "Are Chinese Cities Too Small?", Review of Economic Studies, Vol. 73 (3), pp549 – 576, 2010.

[40] Autor, D. , "The Polarization of Job Opportunities in the US Labor Market: Implications for Employment and Earnings", Community Investments, Vol. 31 (1), 11 – 16, 40 – 41.

[41] Banker, R. D. , Byzalov, D. , Chen, L. , "Employment Protection Legislation, Adjustment Costs and Cross – country Differences in Cost Behavior", Journal of Accounting and Economics, Vol. 55

(1), pp111 – 127, 2013.

[42] Baum – Snow, N., Pavan, R., "Understanding the City Size Wage Gap", The Review of Economic Studies, Vol. 79 (1), pp88 – 127, 2011.

[43] Bebchuk, L. A., Fried, J. M., Walker, D., I., "Managerial Power and Rent Extraction in the Design of Executive Compensation", The University of Chicago Law Review, Vol. 69 (3), pp751 – 846, 2002.

[44] Bebchuk, L. A., Grinstein, Y., Peyer, U., "Lucky CEOs and Lucky Directors", Social Science Electronic Publishing, Vol. 65 (6), pp2363 – 2401, 2010.

[45] Bennett, J., "Skill – specific Unemployment Risks: Employment Protection and Technological Progress-A Cross-national Comparison", Journal of European Social Policy, Vol. 26 (5), pp 402 – 416, 2016.

[46] Bertola, G., "Job Security, Employment and Wages", European Economic Review, Vol. 34 (4), pp851 – 879, 1990.

[47] Bosker, M., Brakman, S., Garretsen, H., Schramm, M., "Relaxing Hukou: Increased Labor Mobility and China's Economic Geography", Journal of Urban Economics, Vol. 72 (2 – 3), pp252 – 266, 2012.

[48] Bowen, R. M., DuCharme, L., Shores, D., "Stakeholders' Implicit Claims and Accounting Method Choice", Journal of Accounting and Economics, Vol. 20 (3), pp255 – 295, 1995.

[49] Brekke, K. A., Nyborg, K., "Moral Hazard and Moral Motivation: Corporate Social Responsibility as Labor Market Screening", Working Paper, University of Oslo, 2004.

[50] Brune, A., Thomsen, M., Watri, C., "Ownership and

Tax Avoidance: The Impact of Capital Markets and Corporate Family Involvement", Working Paper, Canadian Academic Accounting Association (CAAA) Annual Conference, 2016.

[51] Burgstahler, D., Dichev, I., "Earnings Management to Avoid Earnings Decreases and Losses", Journal of Accounting and Economics, Vol. 24 (1), pp99 – 126, 1997.

[52] Cahuc, P., Postel – Vinay, F., "Temporary Jobs, Employment Protection and Labor Market Performance", Labour Economics, Vol. 9 (1), pp63 – 91, 2002.

[53] Chang, T., Graff, Z. J., Gross, T., Neidell, M., "Particulate Pollution and the Productivity of Pear Packers", American Economic Journal: Economic Policy, Vol. 8 (3), pp141 – 169, 2016.

[54] Chang, T. Y., Graff, Z. J., Gross, T., Neidell, M., "The Effect of Pollution on Worker Productivity: Evidence from Call Center Workers in China", American Economic Journal: Applied Economics, Vol. 11 (1), pp151 – 172, 2019.

[55] Charlot, S., Duranton, G., "Communication Externalities in Cities", Journal of Urban Economics, Vol. 56 (3), pp581 – 613, 2004.

[56] Chelliah, R. J., Bass, H. J., Kelly, M. R., "Tax Ratios and Tax Effort in Developing Countries, 1969 – 1971", International Monetary Fund, Vol. 22, pp187 – 205, 1975.

[57] Chen, S. X., "The Effect of a Fiscal Squeeze on Tax Enforcement: Evidence from a Natural Experiment in China", Journal of Public Economics, Vol. 147, pp62 – 76, 2017.

[58] Chen, S., Chen, X. Cheng, Q., Shevlin, T., "Are Family Firms More Tax Aggressive than Non – family Firms?", Journal of Financial Economics, Vol. 95 (1), pp41 – 61, 2010.

[59] Chen, X. , Cheng, Q. , Wang, X. , "Does Increased Board Independence Reduce Earnings Management? Evidence from Recent Regulatory Reforms", Review of Accounting Studies, Vol. 20 (2), pp899 – 933, 2015.

[60] Chen, T. , Lin, C. , "Does Information Asymmetry Affect Corporate Tax Aggressiveness?", Journal of Financial and Quantitative Analysis, Vol. 52 (5), pp2053 – 2081, 2017.

[61] Cheng, C. , Huang, H. , Li, Y. , Stanfield, Y. , "The Effect of Hedge Fund Activism on Corporate Tax avoidance", Accounting Review, Vol. 87 (5), pp1493 – 1526, 2012.

[62] Cheng, Q. , Warfield, T. D. , " Equity Incentives and Earnings Management", The Accounting Review, Vol. 80 (2), pp 441 – 476, 2005.

[63] Cornell, B. , Shapiro, A. C. , " Corporate Stakeholders and Corporate Finance", Financial Management, Vol. 16 (1), pp5 – 14, 1987.

[64] Currie, J. , Hanushek, E. A. , Kahn, E. , Neidell, M. , Rivkin, S. G. , "Does Pollution Increase School Absences?", The Review of Economics and Statistics, Vol. 91 (4), pp682 – 694, 2009.

[65] David, H. , Katz, L. F. , Kearney, M. S. , "The Polarization of the US Labor Market", American Economic Review, Vol. 96 (2), pp189 – 194, 2006.

[66] David, H. , Dorn, D. , Hanson, G. H. , " The China Syndrome: Local Labor Market Effects of Import Competition in the United States", American Economic Review, Vol. 103 (6), pp2121 – 68, 2013.

[67] Deng, X. , Gao, H. , "Nonmonetary Benefits, Quality of Life, and Executive Compensation", Journal of Financial and Quantita-

tive Analysis, Vol. 48 (1), pp197 – 218, 2013.

[68] Derashid, C. , Zhang, J, "Effective Tax Rates and the "Industrial Policy" Hypothesis: Evidence from Malaysia", Journal of International Accounting Auditing and Taxation, Vol. 12 (1), pp45 – 62, 2013.

[69] Desai, M. A. , Dharmapala, D. , "Corporate Tax Avoidance and High – Powered Incentive", Journal of Financial Economics, Vol. 79 (1), pp145 – 179, 2006.

[70] Desai, M. A. , Dharmapala, D. , "Corporate Tax Avoidance and Firm Value", Review of Economics and Statistics, Vol. 91 (3), pp537 – 546, 2009.

[71] Desai, M. A. , Dyck A. , Zingales, L. , "Theft and Taxes", Journal of Financial Economics, Vol. 84 (3), pp591 – 623, 2007.

[72] Dou, Y. , Khan, M. , Zou, Y. , "Labor Unemployment Insurance and Earnings Management", Journal of Accounting and Economics, Vol. 61 (1), pp166 – 184, 2016.

[73] Dyreng, S. D. , Hanlon, M. , Maydew, E. L. , "Long – run Corporate Tax Avoidance", Accounting Review, Vol. 83 (1), pp61 – 82, 2008.

[74] Dyreng, S. D. , Hanlon, M. , Maydew, E. L. , "The Effects of Executives on Corporate Tax Avoidance", The Accounting Review, Vol. 85 (4), pp1163 – 1189, 2010.

[75] Dyreng, S. D. , Markle, K. S. , "The Effect of Financial Constraints on Income Shifting by US Multinationals", The Accounting Review, Vol. 91 (6), pp1601 – 1627, 2016.

[76] Economist. "The Hawthorne Effect", The Economist, November 3, 2008. http: //www. economist. com/node/12510632.

［77］Edwards, A. , Schwab, C. M. , Shevlin, T. J. , "Financial Constraints and Cash Tax Savings", The Accounting Review, Vol. 91 （3）, pp859 – 881, 2016.

［78］Fama, E F. , "Agency Problems and the Theory of the Firm", Journal of Political Economy, Vol. 88 （4）, pp288 – 307, 1980.

［79］Fan, C. C. , "Interprovincial Migration, Population Redistribution, and Regional Development in China: 1990 and 2000 Census Comparisons", The Professional Geographer, Vol. 57 （2）, pp295 – 311, 2005.

［80］Firth, M. , Fung, P. M. Y. , Rui, O. M. , "Corporate Performance and CEO Compensation in China", Journal of Corporate Finance, Vol. 12 （4）, pp693 – 714, 2006.

［81］Gao, H. , Zhang H. , Zhang J. , "Employee Turnover Likelihood and Earnings Management: Evidence from the Inevitable Disclosure Doctrine", Review of Accounting Studies, Vol. 23 （4）, pp1424 – 1470, 2018.

［82］Geel, B. V. , Buurman, J. , Waterbolk, H. T. , "Archaeological and Palaeoecological Indications of an Abrupt Climate Change in The Netherlands, and Evidence for Climatological Teleconnections around 2650 BP", Journal of Quaternary Science, Vol. 11 （6）, pp451 – 460, 1996.

［83］Graff, Z. J. , Neidell, M. , "The Impact of Pollution on Worker Productivity", American Economic Review, Vol. 102 （7）, pp3652 – 3673, 2012.

［84］Gupta, V. , "Climate Change and Domestic Mitigation Efforts", Economic and Political Weekly, Vol. 40 （10）, pp981 – 987, 2005.

［85］ Gupta, S. , Newberry L. , "Determinants of the Variability in Corporate Effective Tax Rates: Evidence from Longitudinal Data", Journal of Accounting and Public Policy, Vol. 16 (1), pp1 – 34, 1997.

［86］ Hanlon, M. , Heitzman, S. , "A Review of Tax Research", Journal of Accounting and Economics, Vol. 50 (2), pp127 – 178, 2010.

［87］ Hanna, R. , Oliva, P. , "The Effect of Pollution on Labor Supply: Evidence from a Natural Experiment in Mexico City", Journal of Public Economics, Vol. 122, pp68 – 79, 2015.

［88］ Hasan, I. , Hoi, C. K. S. , Wu, Q. , Zhang, H. , "Beauty is in the Eye of the Beholder: The Effect of Corporate Tax Avoidance on the Cost of Bank Loans", Journal of Financial Economics, Vol. 113 (1), pp109 – 130, 2014.

［89］ Heyes, A. , Neidell, M. , Saberian, S. , "The Effect of Air Pollution on Investor Behavior: Evidence from the S&P 500", NBER Working Paper, No. w22753, 2016.

［90］ He, J. , Liu, H. , Salvo, A. , "Severe Air Pollution and Labor Productivity: Evidence from Industrial Towns in China", American Economic Journal: Applied Economics, Vol. 11 (1), pp173 – 201, 2019.

［91］ Hong, H. , Kacperczyk, M. , "Competition and Bias", Quarterly Journal of Economics, Vol. 125 (4), pp1683 – 1725, 2010.

［92］ Hu, H. W. , Tam, O. K. , Tan, M. G. S, "Internal Governance Mechanisms and Firm Performance in China", Asia Pacific Journal of Management, Vol. 27 (4), pp727 – 749, 2010.

［93］ Iii, C. A. P. , Burnett, R. T. , Thun, M. J. , et al. , "Lung Cancer, Cardiopulmonary Mortality, and Long – term Exposure to Fine Particulate Air Pollution", Jama, Vol. 287 (9), pp1132 – 1141, 2002.

［94］Jensen, M. C. , Meckling, W. H. , "Theory of the Firm: Managerial Behavior, Agency Costs and Ownership Structure", Journal of Financial Economics, Vol. 3 (4), pp305 – 360, 1976.

［95］Jensen, M. C. , Murphy, K. J. , "Performance Pay and Top – Management Incentives", Journal of Political Economy, Vol. 98 (2), pp225 – 264, 1990.

［96］Johnson, W. B. , Magee, R. P. , Nagarajan, N. J. , Newman, H. A. , "An Analysis of the Stock Price Reaction to Sudden Executive Deaths: Implications for the Managerial Labor Market", Journal of Accounting and Economics, Vol. 7 (1 – 3), pp151 – 174, 1985.

［97］Kan, K. , Lin, Y. L. , "The Effects of Employment Protection on Labor Turnover: Empirical Evidence from Taiwan", Economic Inquiry, Vol. 49 (2), pp398 – 433, 2011.

［98］Kaplan, S. N. , Reishus, D. , "Outside Directorships and Corporate Performance", Journal of Financial Economics, Vol. 27 (2), pp389 – 410, 1990.

［99］Khurana, R. , Searching for a Corporate Savior: The Irrational Quest for Charismatic CEOs, Princeton: Princeton University Press, 2002.

［100］Kim, K. , Mauldin, E. , Patro, S. , "Outside Directors and Board Advising and Monitoring Performance", Journal of Accounting and Economics, Vol. 57 (2), pp110 – 131, 2014.

［101］Knyazeva, A. , Knyazeva, D. , Masulis, R. W. , "The Supply of Corporate Directors and Board Independence", Review of Financial Studies, Vol. 26 (6), pp1561 – 1605, 2013.

［102］Lee, E. S. , "A Theory of Migration", Demography, Vol. 3 (1), pp47 – 57, 1966.

［103］Lehn, K. , Patro, S. , Zhao, M. , "Determinants of the Size and Structure of Corporate Boards: 1935 – 2000", Working Paper, Katz Graduate School of Business, 2003.

［104］Lel, U. , Miller, D. , "The Labor Market for Directors and Externalities in Corporate Governance: Evidence from the International Labor Market", Journal of Accounting and Economics, Forthcoming, 2018.

［105］Levit, D. , Malenko, N. , "The Labor Market for Directors and Externalities in Corporate Governance", The Journal of Finance, Vol. 71 (2), pp775 – 808, 2016.

［106］Li, X. , Freeman, R. B. "How Does China's New Labour Contract Law Affect Floating Workers?", British Journal of Industrial Relations, Vol. 53 (4), pp711 – 735, 2015.

［107］Li, O. Z. , Liu, H. , Ni, C. , "Controlling Shareholders' Incentive and Corporate Tax Avoidance: A Natural Experiment in China", Journal of Business Fiance and Accounting, Vol. 44 (5), pp697 – 727, 2017.

［108］Linck, J. S. , Netter, J. M. , Yang, T. , "The Determinants of Board Structure", Journal of Financial Economics, Vol. 87 (2), pp308 – 328, 2008.

［109］Lotz, J. R. , Morss, E. R. , "Measuring "Tax Effort" in Developing Countries", International Monetary Fund, Vol. 14 (3), pp478 – 499, 1967.

［110］Matsumoto, D. A. , "Management's Incentives to Avoid Negative Earnings Surprises", The Accounting Review, Vol. 77 (3), pp483 – 514, 2002.

［111］Mcguire, S. T. , Omer, T. C. , Wang, D. , " Tax Avoidance: Does Tax – specific Industry Expertise Make a Difference?",

The Accounting Review, Vol. 87 (3), pp975 – 1003, 2012.

[112] Mcleman, R. , Smit, B. , "Migration as an Adaptation to Climate Change", Climatic Change, Vol. 76 (1 – 2), pp31 – 53, 2006.

[113] McWilliams, A. , Siegel, D. , "Corporate Social Responsibility: A Theory of the Firm Perspective", Academy of Management Review, Vol. 26 (1), pp117 – 127, 2001.

[114] Mertens, J. B. , "Measuring Tax Effort in Central and Eastern Europe", Public Finance and Management, Vol. 3 (4), pp530 – 563, 2003.

[115] Mills, L. F. , "Book – tax Differences and Internal Revenue Service Adjustments", Journal of Accounting Research, Vol. 36 (2), pp343 – 356, 1998.

[116] Mortensen, D. T. , Pissarides, C. A. , "Job Creation and Job Destruction in the Theory of Unemployment", The Review of Economic Studies, Vol. 61 (3), pp397 – 415, 1994.

[117] Minnick, K. , Noga, T. , "Do Corporate Governance Characteristics Influence Tax Management?", Journal of Corporate Finance, Vol. 16 (5), pp703 – 718, 2010.

[118] Mortensen, D. T. , Pissarides, C. A. , "Unemployment Responses to 'Skill – biased' Technology Shocks: The Role of Labour Market Policy", The Economic Journal, Vol. 109 (455), pp242 – 265, 1999.

[119] Myers, D. , "Internal Monitoring of Quality of Life for Economic Development", Economic Development Quarterly, Vol. 1 (3), pp268 – 278, 1987.

[120] Nielsen, S. B. , Pedersen, L. H. , Sørensen, P. B. , "Environmental Policy, Pollution, Unemployment, and Endogenous

Growth", International Tax and Public Finance, Vol. 2 (2), pp185 – 205, 1995.

[121] Painter, M. , "An Inconvenient Cost: The Effects of Climate Change on Municipal Bonds", Journal of Financial Economics, Forthcoming, 2018.

[122] Petra, S. T. , Dorata, N. T. , "Corporate Governance and Chief Executive Officer Compensation", Corporate Governance: The International Journal of Business in Society, Vol. 8 (2), pp141 – 152, 2008.

[123] Power, T. M. , The Economic Value of the Quality of Life, Boulder, CO: Westview Press, 1980.

[124] Revi, A. , "Climate Change Risk: An Adaptation and Mitigation Agenda for Indian Cities", Environment and Urbanization, Vol. 20 (1), pp207 – 229, 2008.

[125] Reich, M. , Gordon, D. M. , Edwards, R. C. , "A Theory of Labor Market Segmentation", The American Economic Review, Vol. 63 (2), pp359 – 365, 1973.

[126] Roback, J. , "Wages, Rents, and the Quality of Life", Journal of Political Economy, Vol. 90 (6), pp1257 – 1278, 1982.

[127] Seaton. , A, Godden, D. , Macnee, W. , et al. , "Particulate Air Pollution and Acute Health Effects", Lancet, Vol. 345 (8943), pp176 – 178, 1995.

[128] Scholes, M. S. , "Firms' Responses to Anticipated Reductions in Tax Rates: The Tax Reform Act of 1986", Journal of Accounting Research, Vol. 30 (4171), pp161 – 185, 1992.

[129] Shapiro, C. , Stigliz, T. , "Equilibrium Unemployment as a Worker Discipline Device", American Economic Review, Vol. 74 (3), pp433 – 444, 1984.

[130] Siegel, D., Skill – biased Technological Change: Evidence from a Firm – level Survey, Kalamazoo, MI: Upjohn Institute Press, 1999.

[131] Smith, R., "Compensating Wage Differentials and Public Policy: A Review", Industrial and Labor Relations Review, Vol. 32 (3), pp339 – 352, 1979.

[132] Tang, T. Y. H., Firth, M., "Earnings Persistence and Stock Market Reactions to the Different Information in Book – tax Differences: Evidence from China", International Journal of Accounting, Vol. 47 (3), pp369 – 397, 2012.

[133] Tang, T., Mo, P. L. L., Chan, K. H., "Tax Collector or Tax Avoider? An Investigation of Intergovernmental Agency Conflicts", The Accounting Review, Vol. 92 (2), pp247 – 270, 2017.

[134] Tyson, P. D., Lee – Thorp, J., Holmgren, K., Thackeray, J. F., "Changing Gradients of Climate Change in Southern Africa during the Past Millennium: Implications for Population Movements", Climatic Change, Vol. 52 (1 – 2), pp129 – 135, 2002.

[135] Wiel, K. V. D., "Better Protected, Better Paid: Evidence on How Employment Protection Affects Wages", Labour Economics, Vol. 17 (1), pp16 – 26, 2010.

[136] Wilson, R. J., "An Examination of Corporate Tax Shelter Participants", Accounting Review, Vol. 84 (3), pp969 – 999, 2009.

[137] Wu, L., Wang, Y., Lin, B. X., Li., C., Chen, S., "Local Tax Rebates, Corporate Tax Burdens, and Firm Migration: Evidence from China", Journal of Accounting and Public Policy, Vol. 26 (5), pp555 – 583, 2007.

[138] Xu, W., Zeng, Y., Zhang, J., "Tax Enforcement as a Corporate Governance Mechanism: Empirical Evidence from China",

Corporate Governance: An International Review, Vol. 19 (1), pp 25 - 40, 2011.

[139] Yesner, D. R., "Human Dispersal into Interior Alaska: Antecedent Conditions, Mode of Colonization, and Adaptations", Quaternary Science Reviews, Vol. 20 (1 - 3), pp315 - 327, 2001.

[140] Yonker, S. E. "Geography and the Market for CEOs." Working Paper, Indiana University, 2010.

[141] Zechman, S. L., "The Relation between Voluntary Disclosure and Financial Reporting: Evidence from Synthetic Leases", Journal of Accounting Research, Vol. 48 (3), pp725 - 765, 2010.

后 记

博士四载，滋养了我的心灵，承载了我的梦想。有太多的回忆值得珍藏，有太多的不舍值得品尝。还记得毕业论文完成时，独坐窗前，晨光乍现。今日，毕业论文有幸获得了专著出版的机会，在此，谨对所有支持和帮助过我的人表示衷心的感谢！

家是旅程的停泊港湾，不管外界的风吹雨打，总能在家中放下负担，伸个懒腰，喝杯香茗。父母以行动与智慧告诉我，人生在奋斗中寻找诗意远方，爱人则以可口的饭菜提醒我时不时停下脚步，用心感知生活琐碎的温度。时光流转，试图抚平岁月在肌肤上的刻纹，终究是徒劳，然而心灵的褶皱或许可在陪伴中舒展。随着科研工作深入，压力大了，要求高了，也逐渐让人感到疲倦。然而，我毕竟是幸运的，亲人的关心与陪伴给予了我奋斗的力量，如雨夜灯光照亮心路历程，如烈日绿荫送来清风习习，心怀感恩，愿健康幸福相随。

师者，传道受业解惑，不仅是学术道路上的引路人，更是为人处世的榜样。首先，我要感谢硕士导师——杨兴全教授。杨老师治学严谨，教导有方，在他的帮助下，我走上了学术之路。经杨老师推荐，我得以在著名学者雷光勇教授门下，继续攻读会计学博士学位。雷老师学识渊博，视野开阔，其为人处世的风格更是感染了我。在雷老师的言传身教中，我的学术水平和综合素养得到了显著提升。同时，刘慧龙教授作为副导师，在论文写作的实战中，一招一式倾囊相授，为我日后开展独立科研工作奠定了基础。此外，还要特别感谢我的海外导师——南洋理工大学的高华声教授。高老师幽默博学，善于在纷繁生活中寻找有趣且有意义的科研话题。"文章本天成，妙手偶得之"，换个角度看世界，原来大有不同。作为"边陪伴女儿边研究秦始皇"的职业读书杂家，高老师让我看到科研之路也可以划出如此有魅力的轨迹。导师的教诲，学生铭记；导师的恩情，学生难忘。

在科研道路上，我还有幸得到许多良师的帮助。华盛顿大学圣路易斯分校的 Xiumin Martin、佛罗里达大学的 Jennifer Wu Tucker 以及香港中文大学的张田余教授，从选题到如何做高质量的研究，一步步教导了我用国际视角分析中国问题。对外经济贸易大学的陈德球教授指导我，如何用"情理之中，意料之外"的故事吸引读者。胡聪慧与祝继高教授指导我，如何更好地进行财务与资本市场研究。张新民与张建平教授指导我，如何用战略眼光和佛道之理审视企业财务报表。汤谷良、吴革教授教帮我初识管理会计研究。叶陈刚、郑建明与崔鑫教授指导我，如何做审计研究并完善实证设计。此外，北京大学的吴联生教授不仅多次在论坛中给予我启发，还为我的就业选择提供了宝贵指导。老师指导之恩，知遇之情，如春泉般滋养了内心，学生愿借得大江千斛水，研为翰墨颂恩情。要感谢的老师还有很多，请原谅我无法一一表达谢意。

"常情喜逢知己饮，友谊胜似骨肉亲"。博士论文写作期间的喜乐悲苦，唯有志同道合者可体察。这里要深深感谢同门师兄弟与师姐妹：师哥姜鹏博士、王文忠博士与邱保印博士，师姐金鑫博士、王文博士、张英博士与刘茉博士，正是你们的帮助，让我快速成长；同门曹雅丽博士、张红霞、邵悦、王婉婉与朱郭一鸣，正是你们的关心，让我深爱着温馨的雷门。此外，于南洋理工大学联合培养期间，我有幸结识了许多优秀的朋友，在朝夕相处中形成了默契。"挥手自兹去，萧萧班马鸣"，脑海犹有麦里芝水库高大的榴莲树、鸟园中顽皮的鹦鹉、海洋馆中七彩游鱼，以及 Marina Bay 绚丽烟火下同样灿烂的笑颜……一切的美好，终将结成心中的晶玉，愿友谊地久天长。

　　最后，要感谢首都经济贸易大学会计学院的领导、行政老师们，以及青年教师科研启动基金项目对本书出版的大力支持，同时，特别感谢中国财政经济出版社的樊清玉老师及各位编辑老师对本书出版工作的辛勤付出，在此，愿千言万语道不尽的感激化作幸福美好的祝福。

齐云飞